不安的时候，坐下来写

[美] 纳塔莉·戈德堡
（Natalie Goldberg）
著

丁　凡
译

中国友谊出版公司

图书在版编目（CIP）数据

不安的时候，坐下来写 /（美）纳塔莉・戈德堡（Natalie Goldberg）著；丁凡译 .—北京：中国友谊出版公司，2016.7（2016.10 重印）

书名原文 : The True Secret of Writing: Connecting Life with Language

ISBN 978-7-5057-3755-6

Ⅰ.①不… Ⅱ.①纳… ②丁… Ⅲ.①心理学—通俗读物 Ⅳ.① B84-49

中国版本图书馆 CIP 数据核字（2016）第 129064 号

THE TRUE SECRET OF WRITING: Connecting Life with Language
By Natalie Goldberg

图字：01-2016-5142

书名　不安的时候，坐下来写
作者　［美］纳塔莉・戈德堡（Natalie Goldberg）
译者　丁　凡
出版　中国友谊出版公司
发行　中国友谊出版公司
经销　新华书店
印刷　北京慧美印刷有限公司
规格　710×1000 毫米　16 开
　　　14.75 印张　184 千字
版次　2016 年 7 月第 1 版
印次　2016 年 10 月第 2 次印刷
书号　ISBN 978-7-5057-3755-6
定价　42.00 元
地址　北京市朝阳区西坝河南里 17 号楼
邮编　100028
电话　（010）64668676

如发现图书质量问题，可联系调换。质量投诉电话：010-82069336

目录
CONTENTS

第一部分
写作前的准备

第二部分

避静写作营“真正的秘密”

第三部分

写作中不可忽视的细节

第四部分
与书写老师的相遇

推荐序一
直心的修炼

这本书是纳塔莉·戈德堡（Natalie Goldberg）最新的一本书，延续了她对禅修、跑步、文学与书写练习的信仰，这本书主要介绍她如何在止语书写避静课程中，更加整合与自觉地贯彻她的信仰。教学四十多年的纳塔莉，第一本书《再活一次：用写作来调心》从一九八六年出版至今仍然长销热卖影响深远，她所倡导的书写练习，也成为广为引用的写作技法。尽管纳塔莉说书写练习不涉及信仰，但在我看来，对纳塔莉而言，书写练习本身就是一种信仰，它涉及一种生活态度与方式，一种直心的修炼，借着书写，借着觉察的唤醒，借着与生活的联结，最终达到利人利己的目标。

她的写作风格也反映了她对书写练习与生命的相信——从里而外如实地铺陈。随笔式的行文，混合了许多她在圣塔菲市道斯镇生活、教学的细节与反思。读她的书，你会感觉像是坐在她的课堂，听她信手拈来一节生活插曲、一个即兴想到的例子、一则公案，用来反复解说书写练习的细节，你被那些生命故事带到课堂外，再绕回她对写作心法的谆谆教诲，甚至你会忍不住拿起笔来开始做她给的作业与练习。

纳塔莉在一九九〇年出版的《狂野写作：进入书写的心灵荒原》里，说自己在成为禅师与文学作家之间选择了后者。十多年后的这本近作里，我们可以看到纳塔莉从诗与小说写作者的“位移”。她说来参加书写的学员往往渴望的不只是写作，而是透过书写找到与生命经验更深刻的联结。书写成为通向内在存有的工具，文学的阅读亲近则是为了增大意识与经验的广度。她认为书写练习不只是为渴望写作者打桩的基本功，同时也可以是忙碌的现代人能够随时避静疗愈的方便法门。

在一次对心理治疗师的演讲中，纳塔莉说自己曾经用七年的时间，一星期两次跟心理治疗师面对面工作，因为她内心深处有一块即使多年禅修与书写也无法穿透的岩块，她认为那是她此生最深刻的禅修。如此深刻的生命经验必定也影响了她自称的“素人禅”，她认为自己站在禅宗的肩膀上，既受到禅宗的教导，也用自己独特的方式展现自由与理解。

纳塔莉认为像禅修一样有纪律地书写练习不只是为私己，而且是一件淑世的行动，因为你书写了，你进入了内在的宁静之乡、定境安住的所在，你就利益了众生，让众生与那个自性有了联结。这令我想到荣格在提到心理治疗时说过的祈雨者的故事。有个地方久旱无雨，于是从远方请来一位祈雨师。祈雨师来了之后，要求村民帮他在村外盖一幢茅草屋，给他送七天的饮水与食物，让他独自待在茅屋里。到了第七天，甘霖如奇迹般降下。村民们问这祈雨者到底做了什么。他说，“我刚来的时候，你们村子乱作一团，所以天也不下雨，等到你们每天为我送饭并恢复有规律的生活后，老天自然就下雨了。”

如果你要问：缪斯女神通过纳塔莉的手到底透露了什么样的书写秘密？我猜纳塔莉会举着手中的叉子说：闭嘴，开始写。

詹美涓

作家，书写工作坊教师，现为苏黎世荣格学院分析师候选人

推荐序二

所有的书写，都通向疗愈

自从知道纳塔莉又有新书出版，我就开始满心期待。

市面上关于写作的书籍并不少，但是纳塔莉的书却总是别具一格。她的第一本成名作《再活一次：用写作来调心》，提出“十分钟限时书写”的工作方法，简直是神人级的创举。

任何人，只要识字，都可以提笔写作。只要十分钟，不要停笔，不要修改，让手中的笔在纸上尽情奔跑，放掉控制的欲望，卸下完美主义的包袱，就可以享受到自由书写的乐趣。

《再活一次：用写作来调心》出版后，世界各地有无数的工作坊，鼓励人们透过自由书写，跟内在的直觉、创意、情感、记忆产生联结。台湾也是，已经有许多人在各种成长课程中，被自己的十分钟书写所触动，展开了自我探索之旅。

如此简单的工作方法，却具有“芝麻开门”一般的咒语力量，引领我们发现心灵世界的无穷宝藏。真是太神奇了。

几年之后，纳塔莉推出了第二本作品《狂野写作：进入书写的心灵荒原》。她告诉全世界热爱写作的朋友们，当我们以诚实的态度，持续不断地书写，总有一天，会不小心踏出井然有序的美丽花园，一脚踩进看起来杂乱无章的野地。

不要害怕。那是尚未被驯化的心灵，洋溢着原始的能量，蕴藏着自由奔放的情感、欲望与梦想，充满着蓬勃的生命力。

直到这一刻，我们终于与真实的自己完整相遇。在这一刻，我们抬头望见了宽阔的苍穹，并且学习仁慈和悲悯，将自己的疏忽、傲慢、脆弱与倔强，包容其中。

她的写作书，宛若一篇篇清新的短篇散文，透露着源源不绝的创意，激励出每个人内心的写作欲望。而她最新的这本《不安的时候，坐下来写》，更是让人惊艳不已。纳塔莉热爱写作，也喜欢禅法，她的文字经常透露出禅意的气味。在《不安的时候，坐下来写》中，她更直接将禅修与写作结合在一起，设计了一套为期一周的避静写作营的课程。

静坐、止语、慢走、书写。世界上还有比这样更幸福的写作营吗？

我想起多年前参加内观十日禅的经验。为期十天，我们止语、打坐、专注于呼吸，练习觉察身体各处的细微反应，以及在脑中翻滚的各种念头，借以锻炼苦乐不二的平等心。

在这十天当中，不能阅读，不准书写。不要往外探求，也不要试图以文字抓住什么。要让念头像浮云一样，不执不留。

当外在的世界静止下来，内心的声响就变得越来越巨大。当时的我，正站在中年之旅的冥河之滨，不敢举步，无法向前，内心漂浮着难以言说的幽暗与困惑。

我不是一个专心禅修的乖学生。在这十天的静坐当中，我不时地会让心念飘离身体，偷偷与自己展开对话。止语的感觉，真好。休息的片刻，我就静静望着远山，脑海中不时蹦出有趣的意念和灵感，荡漾着新鲜的勇气与欲望。

十天的禅坐之后，我在心中做出了决定。生命也因此转了一个小弯。

现在想想，那时候真是最佳的自由书写时机。当然，那不是禅修营的目标。但如果目标是写作呢？如果是透过写作来修行呢？那就显得完美无比。

这就是纳塔莉的做法。过去二十年来，纳塔莉一直透过避静写作营，教写作者保持安静、回到呼吸、缓慢、保持觉察，然后，以书写搅动自己的心，以挖掘出更深刻的事物。世界充满了战争、失落、痛苦、挣扎，但也随处存在着欢乐、喜悦、美好、惊奇、真诚的爱。透过写作，我们学会信任自己的心，并且珍惜生命的每一个片刻。

“过去二十五年，每次有人问我，要有什么条件才能书写？我总是重复这五个字：‘闭嘴。开始写！’你需要不断练习，一步一步地踏出，一次一次地呼吸，一个字一个字地写下去。在那个狭窄的悬崖边，你会一再地在爱恨生死之中遇见自己。请加入这群受过试炼而保持真诚的人吧，让自己成为和平之人。”纳塔莉如是说。

透过静坐、冥想、慢走、阅读、倾听、书写，我们寻找意义，并且跟自己、跟生命产生联结，打开疗愈之门，因而看见更深刻、更广大的世界。

对纳塔莉来说，这就是写作最迷人之处，也是它所蕴藏的最珍贵的奥秘。

庄慧秋

文字工作者、心灵书写课程讲师

前言

十年前，我刚想到这本书的书名（*The True Secret of Writing*）时，觉得有点随口说说的意思。那时我正在教课，学生迟到了，我跟她说："哦，希拉，我真抱歉。你刚好错过了，我刚刚才告诉大家书写的真正秘密是什么。我大约每隔五年才会说一次呢。"我是在逗她，但也是在说：以后要准时，这是你的时刻，不要错过了。

当然，没有人能够拥有唯一的秘密，如果有人这样宣称，你要快快逃到山上去。"唯一的秘密"是个危险的想法，人生不是商品，不是单一的，而是充满多元性的。

过去二十年来，我一直在新墨西哥州（New Mexico）道斯镇（Taos）的马贝儿·道奇·露罕之家（Mabel Dodge Luhan House）举办为期一周的避静写作营（Retreat），取名"真正的秘密"（The True Secret）。我们整天练习静坐、冥想、慢走和书写。大家来这里，是因为他们想要写作，但是这些年来，我发现他们要的不仅仅是这样而已。他们要的是一种联结，某种精神上的渴望驱策着他们，让他们想要抓住某种意义，或许是被他们之前读过的某本书——《安妮的日记》（*The Diary of Anne Frank*）、《离开夏安》（*Leaving Cheyenne*）或《卡拉马佐夫兄弟》（*The Brothers Karamazov*）——所感动，一直无法忘

怀；又或许，是他们想对父亲说出真心话。他们渴望透过语言、白纸黑字与它们扣连，就算有其他方法，如太极拳、瑜伽、藏传佛教、在大自然中修行等等，他们还是想透过写作产生联结，有种比书写更大的东西存在于我的课堂中——不然，他们去各大学提供的创意书写课就好了。

我也带领避静写作到别的地方：纽约的欧米加学院（Omega Institute）、加拿大的蜀葵（Hollyhock）、新墨西哥的方便禅中心（Upaya Zen Center）和巴耶西托斯山庄（Vallecitos Mountain Refuge）。在那些地方，我使用了不同的课程名称，但马贝儿的课程是个基本模式，是我的实验基地、专属实验室。

这些年持续下来，我们在马贝儿建立了某种节奏，这些累积让我得以研发出最适合一个星期的避静写作营操作结构。这个结构也很容易在其他状况下运用，无论是一整天、公立学校里的一小时或家里的一个下午都行，一个人，或两三个人的小团体也适用。最终，你要内化这个结构，放在心里，随时作为延展和联结自己人生的方式。

我练习禅法多年，很自然地，会将之前禅修会的基本结构，修改成写作营的课程结构。“真正的秘密”的背后有两千年的传统练习，这不是纳塔莉个人随随便便想出来的创意，而是一个西方女子在她的时代和文化中，撞见了古老东方禅宗大师们的智慧。瞧！某种既新鲜却又扎根于传统的东西诞生了。

本书所说的练习不限于任何派别、宗教或创意冲动，这些练习适合任何人，无论你的宗教、职业、心态或状况为何，这些练习都可以丰富你的生命。

课程除了有传统冥想禅修会的活动，我还添加了一个重要元素：书写。因此，静坐、慢走、书写都是我们要练习的。在我所体验过的最安静、最深刻的静坐里，是涵盖了写作的，它能协助放空，安放心智，像是潜入宁静的水池，进入沉静，出离于让思绪躁动的根源。

在“真正的秘密”避静写作营里，我们会花时间静坐和慢走，也会花时间

书写。铃声响起，我们静坐：铃声又响起了，我们慢走；铃声第三次响起，学生从椅垫下面拿出纸笔，接受自己心智里浮现的种种，将之写下；铃声再度响起，他们大声念出自己写的文字：铃声再起，他们再度慢走……

教室在禅室（静坐的地方），四面墙边都有椅垫（或椅子），角落有个圣坛（当然，如果学生人数很多，你可以摆放一排一排的椅子，圣坛并非必要）。无论是何种形式，都需要有个“结构”。如果有了好结构，你就可以让心智沉潜得更深、呼吸得更深、书写得更深。

我会重复对学生说：“用呼吸带领你的心智。”然后我会问：“我们要如何带领我们的书写呢？”

他们会回答：“用纸和笔。”一定有人会问：“电脑呢？”

我的回答是：“虽然我们会开车，还是要记得如何走路。电脑很好，但它是不同的身体活动，心智活动因此会稍有不同、稍微扭曲了。不是更好或更糟糕，只是不一样。”

用手书写，是我们学会书写的第一种方式，手连接到手臂、肩膀、心脏；而打电脑则会用到两只手，是不同的方式。对许多人而言，电脑已经是主要的书写工具了，这并没有关系。但如果我们变穷了，无法负担电脑了呢？或是电力中断了呢？这个写作营要训练你们在任何情况下都能书写、都能内省。当我们不必仰赖工具时，就拥有了弹性和自由。

二十世纪七十和八十年代的冥想禅修会并不包括书写。我们静静坐着，脑子里却一再想着即将举行的婚礼、失去的爱、经济上的担忧、狂热的性欲、最近过世的人，这都是真实的心事，我们无法阻止这些不断冒出的念头。“注意呼吸，回到当下”这种方法往往不够，我们坐在那边，被排山倒海而来的情绪淹没，哀伤、饥渴、愤怒、欲望、懊悔和怨恨，虽然静坐的目的是放下思考，脱离地狱煎熬，但是静坐往往激起或增加了我们内在的攻击力量，而不是解脱。

有少数意志坚决的灵魂设法挣脱了，但是我们大部分人还是在灼烧之中，另有一些人，则是干脆放弃，在静坐的椅垫上睡着了。

很奇怪，我对静坐怀有很深的敬意。这是个伟大的开启，透过静坐，我们首度接触了古老的中国、日本修行生活。虽然我从未脱离思考，从未得到永恒的宁静（这其实是对心智意识的误解），但我学会了静静坐着（在我们这个一切讲求快速的社会里，这已经是很大的成就了）。经由静坐，我学会深刻地接收与倾听。我的眼耳不但能够看电影、听音乐，也听得到树木成长，可以被寂静包围。我学到了结构——关于一个房间、一天、一周、时间和心智，我也学到了生命从这一刻到下一刻的亲密感、我以前永远不可能了解的爱，以及对人生实相更大的宏观。

二十世纪六〇年代的那一代，我的这一代，愿意脱离社会，过着极端生活，去追寻某种真理、某些对自己和有情万物的救赎希望。我们这一代的这种决心意愿，协助建立了在美国的各种法门与实相基础。有些人走到最后，成为禅师，以禅法为其终生志业。但是我们之中，许多人花了好几年坐在椅垫上，学习禅法，直到有一天，终于进入了社会，心里却纳闷着自己之前都在做些什么，现在又该做什么呢，很多人光是想着怎么养活自己，就感到焦虑和压力。

从此之后，练习的生活就改变了。人们不愿意再过那种极端的生活。他们要求更整合的做法，包含尘世的工作和家庭生活，以及对心智科学——心理学更新的理解。书写练习正回应了这个需求，让你在日常生活中从事书写练习，直接穿过那些重复的、着魔的思考，把心事写下来，在纸上写出你立即出现的想法，或是消除这些想法——说过了、做过了、表达了——或是协助你理解这些想法，将它们整合到你的神经与肌肉里去。

在避静写作营里，我们一写好就大声念出来，不修改，也不给回应，不想念的人可以不念。但是，当我们越来越能接受自己的心智意识时，没有人会不

想念出来的。没有被编辑、被评论所带来的自由与喜悦，他们感觉到了，我称之为“妄心”（Monkey Mind），在未知领域跳来跳去的心智意识。

我会说：“当我们聆听彼此念出的文章，我们是在了解彼此心里想的事情，没有所谓的好或坏。”我们听见了一起静坐的人心中燃烧流转的思绪，也发现朗读和倾听让我们释放自己、感到轻松，发觉原来自己没有疯掉，别人也有这些狂野的思绪。公开分享开启了热情，消除了孤立，我不是孤单一个人。

在这些避静写作营中，每个人背后都有一个更大的世界支撑着他，你低头面对自己的笔记本时，同时也进入了更大的心智，你和一切事物都有了联结，经由哀伤、玻璃的一丝反光或踩在石块上的一个脚步，你看见了爱。这个联结支持着你。

比起小说、短篇故事、散文和传记，我更坚持某种不同的书写——现场书写（Priori Writing）。书写练习带给你强壮的支持，让你对自己的存在充满信心，相信你的人生具有价值（并因此尊重所有的生命），理解心智（身为作者，这是最有力的工具），同时理解书写练习——如何创作。我们的写作营不但有时间表，学员也各自认领工作：为每天三段练习清扫走廊、装水壶、敲铃、点蜡烛。我们亲手照顾环境，并经由这个过程深耕自己。

我有没有提过，避静写作营是止语的？十年前，止语的做法还很粗糙，大家对止语感到骇然。现在大家知道止语的做法了，很多人在讨论甚至实践。

我告诉学员：“不要浪费时间在无意义的闲聊上，不要叽叽喳喳，要把故事放在肚子里，在纸上倾诉。之后你们可以闲聊，但现在不要分散你的能量。”

四年前，某次写作营的头一晚，开始止语的前一天，晚餐时一个学员对着身边三位学员一幕幕地详细述说他计划要写的一个剧本，我知道他还没开始写，否则他就不会一直说了。

我倾过身去，手上还拿着叉子，微笑说：“马修，闭嘴。”

他是老学员了，从新罕布什尔州（New Hampshire）来马贝儿上课多年。

他吓一跳，显得很尴尬，然后笑了。“他们会把你的好点子通通偷走。”我把莴苣放进嘴里。

学员参加过止语的避静写作营之后，都说他们再也不要参加那种学员叽叽喳喳说个不停的书写工作坊了。

在“真正的秘密”隐修会，我们用餐、中场休息、上午和晚上都止语，只有朗读自己的创作以及讨论书籍的时候例外。我总是规定学员来上课之前阅读两三本指定书籍，包括华莱士·斯特格纳（Wallace Stegner）的《安全渡过》(*Crossing to Safety*)、奇努阿·阿切贝（Chinua Achebe）的《瓦解》(*Things Fall Apart*)、比尔·巴德福德（Bill Budford）的《炼狱厨房食习日记》(*Heat*)、派翠西亚·寒波（Patricia Hampl）的《花匠的女儿》(*The Florist' s Daughter*)、安·法迪曼（Anne Fadiman）的《神灵附身你就会跌倒》(*The Spirit Catches You And Fall Down*)、李昌来（Chang-Rae Lee）的《母语人士》(*The Native Speaker*）或约翰·艾德格·维德曼（John Edgar Wideman）的《兄弟保护者》(*Brothersand Keepers*)。我要求他们读书，因为我希望我们的觉知练习能够与世界接轨。

文学告诉我们某些人生真相，让我们看到某种清明和活力。我的禅师片桐大忍（Katagiri Roshi）曾说：“文学可以告诉你人生真相，但不会告诉你该拿它怎么办。”练习扎根于我们真实的痛苦与书写的骨架中，表达我们真实的生命力量。它不需要是充满魔法的完美岛屿，不需要是正式的鞠躬和日本式的教条与美学。

当学员阅读约翰·路易斯（John Lewis）的《与风同行》(*Walking with the Wind: A Memoir of the Movement*）时，我问他们，为什么来参加写作营之前需要读这本书。

来自马萨诸塞州的纳森尼尔回答说："因为路易斯和其他民权运动分子也像我们一样静坐、慢走。他们为我们示范了如何在现实世界里这么做。"

某个八月，一个避静写作营的最后一个下午，我们一起搭车，保持静默（八辆车，其中一辆车里的人一路唱着圣诗），在双线公路上，经过了路旁摇摆着的向日葵，经过了尔柏旅社，左转上桥，沿着翁多河（Hondo River）旁的泥土路到了和里约格兰德河（Rio Grande）汇合的古老峡谷，那里有着粉红色悬崖。我们去那里游泳，沿着河床往上游，然后仰躺着顺流漂下。

有些人从来没有真正进到河里过，三位学员为了这趟令他们紧张期待的旅程，特地去学了游泳。一开始，他们根本不想穿上新泳衣，其中一个学员来自英国，她把泳衣称为"游泳用的戏服"。

前一天午后下过一场夏末豪雨，河水非常冰冷。但是练习的欲望超越了所有的抗拒，让我们想都没想就一跃而入。

经过好几天的静默练习，我们对彼此的了解愈加深刻，已没有叨叨的话语打断我们在河中的联结。当新手们顺流而下时，我们可以感觉到他们的喜悦和骄傲，他们的快乐也成为我们的快乐。我们的心够柔软，可以看到湛蓝的天空、清澈的河水、岩壁上挂着的燕子巢，以及沿岸的西洋杉。一周的活动进行到此刻，练习的共鸣已穿过我们体内，创造出空间，让我们可以接收到身边的一切。

回程，我心里想：没有人把静坐、慢走的练习和书写与文学如此微妙交织。有些老师现在也会在冥想禅修会中加入几堂书写练习，但书写仍然被视为分开的活动，而不是整个练习的一部分。

我一生致力于书写练习。我回头看着后面一长串的车子行驶在弯曲蜿蜒的泥土路上，驶出峡谷。我忽然明白了，我必须分享这些避静写作营的经验，接下来冒出来的念头就是"在我死前"。我感到某种急迫性，知道"无常"就在我身后，但我要如何协助大家？在手机、简讯、传真、智能型手机和脸书出现之前的那种粗犷不羁的生活，我可以为它留下何种痕迹？

本书的结构，将从我教导多年的十分钟限时书写，延伸到笔记本外的整个人生。笔记本的书写将创造出某种永恒的力量，让你找到你身为作者的声音，也找到支撑，去联结你的灵感，和世界一同呼吸。

我承认，有时我不想分享。如果我写出了一本容易阅读的畅销书，一半的我觉得不情不愿——“让他们像我一样，花一大堆时间坐在桌前苦思吧”，另一半的我会觉得“我害怕这本书让我的教学内容被冲淡”，读者会很快放下这本书，立刻去阅读别的书籍了。但是我发现，这不是一个公正的估量，我的第一本书《再活一次：用写作来调心》（*Writing Down the Bones*）已经出版二十五年了，大家还是一直持续地做书写练习，我对此感到非常意外。第一次的工作坊已经过去二十年了，学员却告诉我，这二十年来，他们一直持续着书写团体。

我的工作就是让古老的教导再度受到重视。我没有灌水，而是把它们变成可以应用在现代生活中的形式。我把书写放进练习的核心，用这种方式尊崇我的生命道师们，我在明尼苏达州的禅修中心跟着日本来的禅师修行了很多年，也跟别的宗师各自学习了好几个星期，包括泰国、越南和缅甸的。

有些东西永恒不灭，因为它可以调整、随着时间改变。它之所以能够不灭，是因为它触碰到了我们心中最基本、最重要的某些东西。

我教的其实不是禅，而是利用禅作为某种借口、某种角度、某种优良的结构，以便将人心人性暴露出来——那个我们无法清楚定义或界定的浩然疆域。我们的内在都充满了智慧，但我们要如何揭露它呢？如何信仰它？如何关怀如此短暂的“和平”，并以此作为我们的人生目标呢？如何安处世界的怀中，看着黑暗与光明此起彼灭，像我的老师片桐大忍禅师说的“不离弃”，并把这一切写下来呢？

这本书是禅，也不是禅。这是素人禅，静坐，然后踏进世界的苦难——纳粹集中营、刚果内战、美洲原住民、你的亲朋好友。这本书“抓住人生可能拥有的喜悦滋味”，够幸运的话，也包括了乐趣。

一位学员最近写信给我，针对“练习静坐和慢走，以创造书写所需要的坚实基础”的效果作出总结：“偶尔，我会想起自己试探性地踏进里约格兰德河冰冷的河水，最后终于一跃而入的那个时刻。我就会被提醒，决定打开笔记本，一跃而入，继续书写——就如同当时随波漂流，就像静坐冥想——超越了‘妄心’，到达了书写的某个境域。我知道重点在于我得不断地写，而不是我要到达‘某处’。不断地慢走，练习静坐冥想，最重要的是，我被提醒要放下自我批判。所有的人都拥有某种价值，值得为之发声。”静坐、慢走、书写，这就是真正的秘密。

第一部分

写作前的准备

我想提醒大家：

生死大事

觉醒吧，觉醒，觉醒

时光流逝

请勿浪费此生

——黄昏时的吟诵，写在木简上

No.1

书写可以带来最大的喜悦

人人皆可书写，正如吃饭、睡觉一般自然。佛陀曾说，睡眠是最大的喜悦，但我们通常不会如此看待睡眠。睡眠如此寻常，只有失眠的人懂得睡眠带来的深沉满足，书写也是如此。我们这些识字的人很幸运，觉得书写没啥了不起，但蓄奴者就禁止奴隶学习读写，不敢将之视为“人”。读与写是某种权力象征，让你终能不被脚镣所铐。

书写就是人类血脉的延续。我祖父十七岁从俄国移民至此，对他而言，光是学会说英文就够了。今天，我们有责任继续完成移民梦，而书写，正传承了梦想，传递着真相。开始吧，不需要花哨，就从寻常的事物写起。除了睡眠之外，佛陀大概知道，但却忘了提起，书写也是最棒的喜悦。

八月中旬，两天前，圣塔菲（Santa Fe）终于下了一场大雨。之前好几个月，不是干旱就是森林大火。雷声轰隆，闪电连连，沉重的灰色乌云笼罩着整座城市，雨珠闪闪抛下，屋顶、树木、枯干的河床、番茄、道路、汽车，所有万物都浸润在雨水里，美得发光。我站在雨中，感到敬畏与宁静，看着雨水流下屋顶的集水管，浇灌在两堆干燥的堆肥上，我走进屋内，躺下，感觉雨水透湿纱窗，渗入打开的大门。

起来。你还有事情得做呢，我跟自己说。

但是我回答说：别管我。

我一直躺在床上，享受着头顶上震耳欲聋的雷雨声，干燥的草堆遇到雨水，忽然的香气，充满了我的卧室。这个八月中旬的周六不会一直持续下去，雨下得那么大，几乎让我觉得自己又年轻了起来，像是回到了长岛的夏日，大地又满布深绿。

门铃响了，我跳起身，邻居穿着雨衣站在门前，一小撮湿了的头发露出帽檐。她身上滴着水，走了进来，我泡了红茶，从冰箱里拿出一大块一格一格的巧克力，打开包装，放在桌上。

我已经至少两个月没看到她了。那时候她来找我，细细地跟我述说着家庭正分崩离析。她觉得丈夫已有外遇，十三岁的女儿在阁楼吸食大麻，猫咪在客厅墙角尿尿，她扭着双手，泪水流下双颊。平常的她，是一个平静的女人。

我仔细倾听着。外遇对象是谁？她确定吗？

她猜是一位同事，她的眼睛睁得大大的。

两个月前的那一天，天气极为炎热，即使没有胡闹的猫咪或女儿，就已经够令人心烦了。

但这个下午，一切都感觉如此新鲜。她谈论着她的玫瑰花、她刚写的三首诗、过去的一个星期她没停歇地在写一本小说。

我试探问："那，你丈夫呢？"

她的手一挥，说："天晓得他在干吗，昨天他躺在客厅地板上听音乐，一躺就躺了好几个小时，一动也不动。"

我心想：我的邻居都不用工作的吗？但是我问："外遇呢？"

她耸耸肩膀说："谁管它！"

她的脸放松、展开，看起来年轻了十岁。

我再进一步："那，猫咪呢？"

"哦，那个可爱的小家伙，它现在都去外面尿尿了。"

"女儿呢？"

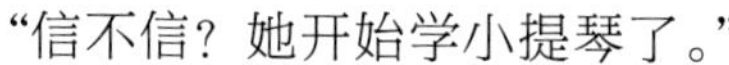

“信不信？她开始学小提琴了。”

“大麻呢？”我忍不住问。

“我不知道。我没再担心。”

送她到大门口的时候，我停了下来。“我必须得问，是什么改变了你的态度？”

“好问题。”她停下来，想了一下，“我在书写，我又在书写了。一切都恰如其分，我回到自我了。”她的脸上漾起大大的微笑，“我再度拥有了我的人生。书写的感觉太好了，不能让任何事情干扰书写。”

我问她：“你是说，整件事情就是如此简单吗？”

“当然。”我看着她走上已经开始干了的泥巴路。

我的工作就是传播书写的福音。我曾经说过，《美国独立宣言》里应该包含书写：“……某些不可剥夺的权利，其中包括生命权、自由权和追求幸福的权利——以及书写。”

有时候，我脑子里在胡思乱想：“觉得书写如此重要的想法”会不会是我自己的幻觉或幻想？因为书写滋养了我的生命，我就干脆跨出一大步，主张每个人都需要书写。这有点像吃了一片好吃的桃子派，抬起头来，宣布桃子派是世界上最重要的事情似的。其实，我只想做做白日梦，在夏日的路上随意走走，但我渴望让整个美国都开始书写，让大家都信任自己的心，知道自己在想、在感觉的一切，这正是民主的基础。我的任务进度缓慢。这时，有人敲门，启发我继续前进。

我在德国的朋友大卫·史奈德（David Schneider）才刚刚寄给我以下这段话。这是加州大学出版社（University of California Press）即将帮他出版的新书《充满了美：诗人与禅师菲利普·惠伦传》（*Crowded by Beauty: A Biography of Poet and Zen Teacher Philip Whalen*）中的感谢词。

“你知道你的问题出在哪里吗？”我的老师开始说话，把他的注意力放在我身上，专注的能量包围着我们，感觉好像我们并不是正身处温暖夜晚的法国小镇上嘈杂酒馆的拥挤包厢。

这样的问题让忠诚的学生没有什么选择余地，你正是想从导师口中听到答案，即使你听了之后，接下来的夜晚、第二天、那一周，以至于一整个月都会被答案染上情绪色彩。我做出一些回应——可能是非语言的——表示我有多么乐意恭听，但他其实根本没有等我的回应。

“我在想，”他看着我的眼睛说，“我们之间紧密而专注，仿佛其他的时间和空间全都消失了。你的问题出在你没有在书写，你需要书写。如果你觉得事情太多了，没办法书写，那么，我，”此刻，他用了很长很长的全名，还加上了他的头衔，“正式交代你，书写就是你的练习。”然后他放开，不再注意我，回到大伙当中快活地喝啤酒。他这么做的时候，并不赶时间，但是很突然，带着些不容置疑的决绝。没有解释，不予置评。他立刻完全沉浸在其他的对话中，好像我们之间的“对话”根本没有发生过似的。但是我知道它真的发生了，因为我的呼吸仍不规则，震惊和感恩同时正从我的心蔓延到四肢。

不是只有“想要写出伟大的美国小说”的人才能书写。有些人年纪轻轻就知道自己想要书写，有些人则是早有迹象——通常非常喜爱阅读——大家都看好他，但是他得花很长一段时间才明了，可能一直到了三十、四十或五十岁才提笔。

八十八岁的朵莉丝已经参加过别处的五个书写工作坊了，她刚刚伤了膝盖，走路不方便，因此无法参加十二月举行的止语写作营。她将复健加倍，希望能够参加八月的。十年前在道斯镇，朵莉丝认识了玛莎，虽然她们分别住在西海岸不同的城镇，却常常一起书写。玛莎最近过世了，为了她，朵莉丝想再度来到道斯镇，且没跟任何人提起这个想法，怕女儿不让她来。她在独居的八楼公寓里秘密地计划着，并沿着长长的走廊，在邻居关着的门前练习行走。她离开的前一天，找到了一位伙伴一路协助，一起坐火车，从西雅图坐到新墨西哥州，在萨克拉门托（Sacramento）换车。她把玛莎的名字放在禅修中心的圣坛上，面对着玛莎的名字，在班上大声朗读。

玛莎，我想跟你说：我多么享受我们首次一起在第一教室参加工作坊的时刻。避静写作营的房间挤满了人。我记得你坐在外面，烟囱旁边，用针线修补你的皮鞋，我也看到你在同一栋建筑里慢走。我们来道斯镇之前，我对你只有一点点认识，我们去了圣塔菲、日落大道（Sunset Boulevard）和洛杉矶，待在小旅馆里。我们一起旅行的各种细节都存在我的脑海里。

我记起你被推进医院的时刻，也很荣幸得以陪你进到加护病房里。二十年来，你只有一个肺，现在它也要报废了，你无法走路，但还是用手势跟儿子们要纸，想要书写。你和我一起，在你家的餐桌上书写多年，有时也会坐在餐厅的安静角落里书写，但现在你接了呼吸器。

还有一个选择，五十五公里外的另一家医院。在那边，他们会用盐水灌进你肺部，然后再吸出来，因为这些盐分，你的心脏或许还会继续跳动。你写了些诗，但大部分时候，你写字条给两个儿子。你的心脏又跳动了十六小时，而你一直没有停止书写，一直表示要更多的纸。我问她的儿子们，最后的遗言是什么？他们说，妈妈要他们当乖孩子。

几个星期后，儿子们举行了追思会，我很荣幸地代表致辞。我说，她是我的大妹子，我们那个年代的人都是这样称呼知心好友，然后我说，我们会成为知交，是因为我们一起书写。我们用纳塔莉教我们的方法书写，一直到现在，都还有人在问我是否要再开始一个书写团体。我无法回答，因为，玛莎，你不在了。我一直想跟你说，我多么珍惜你。

——朵莉丝·萧顿

朵莉丝做到了，胜利地到达了目的地。在八月的工作坊里，她觉得自己可以随时打断我："纳塔莉，你记得吗？有一年，有人问你读不读《圣经》，你说：'不，我不读《圣经》，我只读我自己写的书。'"

全班都笑了。我转头说："我好像有一点印象，朵莉丝，你的记忆力实在是惊人。"

她也对我微笑。

No.2

为什么要选择“避静写作”

在书写背后，在文字背后，没有任何话语。我们需要了解某种境界，好让我们看到更大的视野，从而掌握语言。

在避静写作营里，我们的思绪、记忆和感觉都有机会回到我们心里。在某个时间点，如果我们的静默练习够勤快的话，我们的思绪、感觉、记忆和理解都会在我们当下的地方、当下的时刻安顿下来。听起来像是陈腔滥调，但是地板就在眼前，朋友坐在对面，风在吹，斑鸠在叫，我们与手臂上的毛、脸上的鼻子同在，我们不只是这副臭皮囊，在静默中，人和人之间升起了某种无言的亲密。有人坐在角落哭泣，你感觉得到，如禅宗说，与万物同悲喜。真的是这样，请试一试。

如果你没有小团体，花一个下午不要说话，同时继续做你平常做的事情。对牙医点头，对邮差招手，对店员微笑，在街上遇到朋友，握手。你会很惊讶地发现，大家不会注意到你静默，大家都忙着说话。如果你长期练习静默并得其精髓，你将拥有这个世界非常需要的特质：内在的宁静。

我们的社会建立在说话上，说话，说话，说话，这些话都是从哪里来的呢？话语来自静默，声音和静默彼此相连。

在我们社会的眼中，“真正的秘密”避静写作营所进行的止语看似极端，但真正极端的，其实是不停地说、一直在说、沟通、掩饰、转移注意、分享、掩藏、撒谎、浪费时间、无意义地说、疲倦地说、不断地说。我不认为静默如此神圣，这只是另一个角度，让我们多话的社会得以延展。

我们需要了解另一个面向，否则我们会失衡，会因为静默的亲密感，或因为与一屋子人（或一个人）保持静默的不自在，而想逃之夭夭。更何况，当我们总是在说话的时候，我们错失了多少事情，我们忘记注意环境，也无法真正觉察我们说话的对象。

我的朋友凯蒂·阿诺和我一起，每周一次，在我家附近的戴尔包尔（Dale Ball）山路爬山，每次爬一个半小时。我们有个既定模式：上山时保持静默，下山时一路说话。我们两个都非常喜欢上山时的静默，我因此更能注意到分岔时的之字形山路、那株单独挺立的黄松、有些日子我的呼吸沉重、有些日子爬得轻而易举。我们对这条山路非常熟悉了——雪融化了、岩石黑暗的一面、早春的寒风撕裂了某个特别寒冷冬天最后的一抹脆弱寒霜。

我们注意到下山的时候，我们的对话即时、亲近、直率。上山时费了力气，静默则让我们与自己产生联结，这两者都让我们心情愉快。即便说话的内容并不温暖——凯蒂的父亲是《国家地理杂志》的摄影师，刚刚死于癌症——我们一面下山，仍一面聊着，谈话散发着光芒，笼罩着我们。我期待听到她最近学习烤蛋糕的经验，也突然对某位作家产生了某种理解。

静默感觉如此深植于心，让我现在将它视为爬山前半段的圣诗，凯蒂和我则成为梵蒂冈。和希斯、安和贝克辛一起爬山时，我会说：让我们在前半段保持静默，他们也当然点头同意。这不正是爬山的信条、宪法，或是更好的说法——解脱吗？

是的，静默也可能是在逃避、压抑、隐藏、害羞、没有人查验的秘密，或硬掉了的心。

在止语的避静写作营里，我并不是严格要求大家在渴望说话的时候闭嘴，而是邀请大家和静默建立关系，找到我们能够接受，并在静默中放松的中庸之土。当然，即使我们不说话，也有很多声音守卫着那块土地，我们的意识会立即反抗，因为它们自由惯了。它们强势取得控制，想要继续当家做主，表达自己。我们会害怕，如果我们安静下来，内在会出现些什么呢？在止语的写作营里，我们只剩下自己，必须与自己相处。

静默曾经被视为惩罚、不理会、冷淡。或许你来自一个大家都不说话的家庭，也或许你的家庭认为静默很不礼貌，但总而言之，静默也可以是某种解放，我们不需要表现，不需要扮演某个人，只要放松就好了。

在避静写作营里，我们会朗读自己的书写；在团体讨论时，我们会讨论事先指定的书籍。但是，朗读和讨论的背景是从醒来到睡觉之间持续的止语，连进食的时候也是。因此，讨论显得更为深刻且经过消化，我们学会更能倾听彼此，这是个很缓慢的对话，和回应一样棒，不是竞争或独自倾听、思考。作为一个团体，我们一起成长，一起更了解和欣赏某一本书。

理想中，经由止语练习，我们变得灵活，可以在说话和静默之间自由来去，不会卡在其中。静默可以是倾听之门，而倾听则是书写的重要基石——也是最终通往宁静、内在与世界和解的大门。

No.3

获得“静坐”一样放松的状态

年轻女孩米卡拉·奇伦（Mykala Gillum）来自米尔瓦基（Milwaukee）。每年暑假，她都会来圣塔菲六个星期，来拜访祖母和外祖母，这两位都是我的朋友。过了十个月，她又来了，她现在十一岁了，刚念完五年级，满脑子从学校操场上学来的笑话。

晚餐时，她说了这个谜语：

什么字有七个字母？

这是一件不可能做的事，

而且，如果你吃下去就会死掉。

长长的停顿。我们通通想不出答案。

我乱猜一通：“蛇。”

米卡拉摇头笑了。

我皱着眉头说：“好啦，我不够聪明。答案是什么？”

“什么都不（Nothing）。”

“什么都不？”我终于想通了。中西部学校铁栅栏里，操场上，孩子们在讨论“什么都不”。

“对啊，你不可能什么都不做，如果你什么都不吃，就会饿死。”

“很妙。”我微笑了。

她又说了个笑话。

我没听到头一句——我在忙着吃东西——我听到的是：

一个女人走到柜台前，点了起司汉堡和薯条。

“女士，这里是图书馆。”

她很小声地说：“哦，对不起，我可以点起司汉堡和薯条吗？”

这个笑话让我崩溃了。听起来如此前卫、奇特、不真实、根本没道理。这些孩子脑子里塞满了虚无的存在感吗？

后来我才知道这是一个嘲笑愚蠢金发美女的笑话，孩子正在模仿社会里深植人心的成见。我比较喜欢我的版本，没有一开始的解释，这样听起来比较奇怪、失控、神秘、莫名其妙、无法理解。我发现，某种新的觉知默默地渗入了小学课堂，因此感到兴奋无比。但是，唉，她吃完饭后接下来说了个关于鼻涕的笑话。

问题是：当我们试图解答谜语或理解笑话时，我们的脑子有片刻的空白，我们可以和这片空白交个朋友吗？可以没有答案吗？可以最终还是完全无法理解其中的任何道理吗？看看四周，一切事物终将消逝，我们什么都无法拥有。

一九八九年旧金山大地震之后，我的朋友杰宁说：“我一直以为，至少我可以信赖脚下的大地，然后地震了，又摇又晃，还裂开了。”

领略无常的生命真相，但不要变成虚无幻灭的宿命论者。直接面对无常，承认没有真正永恒的自我、存在和思维，但仍然要愿意品尝本然短暂的真实，没有任何事物是可以恒久持有的。

这就是静坐练习的目标，也是静坐的本质。当我们坐在空无之中时，如果还能够说有个什么“目标”的话，就会是这个了。

但是，当然，我们都相信会有些什么：火车会准时出发，秋天会去摘苹果，我们会去停车场领回铜板，这些都是实相，但也都只是某个当下的时刻，无法抓住，无法成为永恒。即使是你的婚礼，也会结束，成为你心中的记忆，直到有一天，我们通通无法再拥有任何事物时，我们便会死去。

请原谅我，用这个方式鼓励你冥想静坐，真是糟糕啊！但是，当你在忙碌的生活之中，每一件事情都显得急迫要紧的时候，静下心来，坐着，把一切急迫的事情都暂时抛开，你将感到如此地自由。你的呼吸，就像是深深陷入豪华的沙发里一样，深深地进入你身体的骨头里，同时感到和四周的一切如此亲密，不管是窗外吹进来的微风或鸟鸣，甚至是电话响起来——你的老板要你加班——都保持亲密。没有什么事情那么重要，但一切却又如此重要。

每天好好地静坐五分钟。你可以双腿交叉，屁股坐在椅垫上，背脊打直，眼睛闭着或张开都可以，放空，不要专注，眼睛垂帘往下，以四十五度角看着前方。

或者你可以坐在椅子上。这是个好技巧。无论你身手矫捷与否，无论双腿是否可以交叉打结，你都可以在椅子上静坐。这样一来，你就可以在飞机上、机场、牙医诊所、律师办公室、就业辅导中心或房产业办公室随时静坐了。把腿上的东西挪开，把皮包、笔记本、笔记本电脑或刚买的菜塞在椅子下面，双脚平放，与肩同宽，背打直，手放大腿上，手掌向上或向下都可以。

在药房，或学校餐厅排队的时候，你也可以站着静心。

无论坐或站，甚至躺着，重点是感觉自己在吸气，充满肺部，将外在和内在混合起来，然后呼气——再次混合内在和外在。我们不孤单，我们无法分割，吸进生命，然后呼出去，一次又一次地呼吸。

然后有思绪飘过、听到声音、感到鼻子上痒痒的，如果你选择用呼吸安顿自己，那就一再回到呼吸，感觉呼吸，把呼吸当作这个饥狂生命的基石。生命多么容易迷失啊！相信我们所想的、所感觉到的都是神圣讯息，立即加以注意。如果炸弹就要掉下来了，请迅速跑开躲起来；如果子弹在飞，请避开它的轨道。如果你想到了炸弹，接受这个思绪，将注意力放回呼吸。我们的痛苦是真实的，如果我们紧紧抓住痛苦不放，痛苦将会更加痛苦，更加复杂。

和我很熟的一个学生过世了。我接到与她很亲近的另一个学生打来电话说，“我很愤怒。我不要她死掉，她是我最要好的朋友。”

我倾听着。我们都有死去的一天，每个人状况不同，但一定会死。如果我们不接受死亡，就会更为痛苦。痛苦是真实的，我们想念过世的朋友，我想念我的学生，当我们抗拒痛苦，试着推开痛苦，设法改变痛苦，我们就会更为痛苦。

这位学生现在已经埋在地下了，离我的住处有一百六十公里。

去把她挖出来，我心里想。

纳塔莉，她已经死了，我跟自己说。

我争辩，我抗议。

我可以尽情抗议，但真相就是，她已经死了。当我亲近真相，我就亲近了真正的痛苦。生命无常，我可以对这一切装聋作哑、反抗、污蔑、吐口水。然后必须回到现实真相——死亡。

这有点像冥想静心。你看得出来吗？我的心智、身体、情绪，在我静下心来，面对真相，面对一次又一次的呼吸时，或像我这位学生一样，停止呼吸时，全都跑到各处去了。我发现，最后，当我将自己的过度反应沉淀下来，真相将变得没有几个字。面对我无法改变的事实，我只能说：“我难过”“我想念”或“不”。

学生过世的那周，我九十七岁高龄的邻居也过世了。虽然她已经九十七岁了，我还是不希望她死去。然而，她的死比较有道理，毕竟她很老了。这是我们对死亡的看法，我们认为只有老人才会死掉，并不知道自己随时可能会死掉，一旦了解到这一点，我们的呼吸更重要了。我们还活着，能够呼吸，多好。静坐冥想的时候，回到呼吸，放空你的意识。

我要跟你说一件可怕的真相：我不喜欢狗。

我的隔壁邻居养了四只吉娃娃。母狗生了三只小狗，邻居舍不得送走任何一只。它们一大早就开始吠叫，一直叫到深夜。不是每一天都这么糟糕，但是它们确实非常爱叫。

我决定了，有两个选择，或是义愤填膺地气个半死，把自己弄得发疯，或是接受现况。我选择了后者——别想找动物管理局或警察来干预了，我住在加西亚街附近，所有的邻居都姓加西亚。冬天的时候，门窗紧闭，小宝贝都在室内。春天一到，它们冲到院子里，吠叫声传入我打开着的窗户。

每一年，从初春到秋末，我都得提醒自己：纳塔莉，你的存在并不比别人重要。

可是我很安静，我跟自己顶嘴。我不打扰别人的安宁。

我选择不去控制我无法控制的事情。（两位女邻居人很好，她们去钓鱼时会送我几条新鲜的鱼，根本不觉得狗狗的吠叫是噪音，透过石卵墙，我听得到她们和狗狗亲柔低语。）

当我听到它们不停吠叫的时候，我深深吸气。这个，纳塔莉，这个也是我无法控制的事（我不是天使——我在卧房装了电扇，试图淹没它们的吠叫声）。

我有能力接受吠叫声，这件事情给了我很大的喜悦。很奇怪的，过去四天完全听不到任何吠叫。它们还在啊，可是去哪里了呢？

No.4

获得“慢走”一样专注的力量

我们开车两小时去苍鹭湖（Heron Lake）庆祝美国国庆。朋友的十一岁小孙女米卡拉又出谜语给我猜了：如果我在做我没有在做的事情，那么，我在做什么？

我的脑子再度一片空白。

没多久，米卡拉迫不及待地喊出答案：“什么都不（Nothing）!”

瞧，又来了。我提议我们自己创造一些谜语，答案都一定要是“什么都不”。

大家都想失去什么？什么都不，我们一起喊出答案。

什么东西会比一分钱还便宜？什么都不！我们尖叫。

有时候，就是为了刺激脑袋，我会为“什么都不”谜语规定主题：跟石油有关的、跟种族有关的、跟政治有关的、跟犹太人有关的、跟环境有关的。我可以感觉到我们的脑子在车里转来转去，丢出各种各样的谜语、任何的谜语（你必须愿意接受失败）。我们一面开车经过赫南达兹（Hernandez）干燥的山坡，经过雅比丘水坝和鬼魂农庄的红色悬崖，一面想出以下各种谜语：

如果你没有车，不需要任何石油，那要付多少油钱？

如果夏娃没有吃禁果，接下来会发生什么事情？

如果你拨错电话，会发生什么事情？

什么比一切的一切都更值钱？

希特勒对自己的犹太血统说了什么？

酒醉驾驶看到停车标志时，会做什么？

感恩节的时候，美国原住民会为了什么感恩？

情妇打电话给妻子的时候，男人会承认什么？

什么比一切都更伟大？

你吃得太饱的时候，会想吃什么？

这种乐趣也可以用在练习上，它将创造出某种新的觉知。

当我和学生练习慢走的时候，基本指令是：走路时，感受你的脚底；静坐时，感受你的呼吸；书写的时候，感受你的纸笔；慢走的时候，我们专注脚底。感受右脚提起、放下；感受左脚提起、放下；感受臀部如何移动、膝盖如何弯曲。你可以让手臂舒服地垂在身侧，或是放在身前或身后，握着手，眼睛看着脚前的路。很简单，放慢，让世界到你身边来，我们总是在追逐着什么，慢走时，你将有机会接收世界。

然后我鼓励学生：如果一开始的时候，你不喜欢慢走，不要担心。我开始练习的头十年都恨透了慢走。如果你无法用双脚踏实感受，脱掉鞋子，在碎石子路上走。慢走和有氧运动不同，你会成就什么呢？“什么都不！”我们喊。你不需要到某个特定的地方，没有要去哪里，没有要做什么，就只是把一只脚放到另一只脚前面。

可是，有时候我们变得像梦游一样，精神涣散，像行尸走肉似的走着。这时，我会毫无预警地发出指令：好，现在倒退走，或是慢走到一半的时候，我会说：停住不动，双手放在身体两侧，感觉你的脚，感觉它们如何支撑你，你是否站得偏向一只脚？再进一步，我们又开始走，我要学生注意三件以前从未注意到的、关于自己走路的事情。保持好奇心，我们平常的“走路”到底是什么？注意你的脚完全贴在地面上，即将再度举起的那个片刻。

当注意力涣散的时候，我们需要想办法重新专注。我们要如何唤醒自己呢？在我们的社会里，我们认为必须做些新的、令人兴奋的事情——跳伞、赛车、爬珠穆朗玛峰——才能感到跃动的、警醒着的生命。但是，我们也可以做寻常的事情，只要加上一点拉扯扭转，就可以让生命活起来。静坐、慢走、书写！

整个活跃的、专注的、喜悦的宇宙就在那里了。即使你以后会去巴哈马、西藏或马达加斯加，也要好好运用此刻、当下的伟大生命所提供给我们的一切。

旅行也很好。旅行的时候，你也可以静坐、慢走、书写，让旅行的当下或回忆更加愉悦。

你也可以试试其他方法：开车的练习，慢慢开，不要超过速限。如果你在乡村路上，没有别的车子，你可以试试看能够开得多慢。我第一次这么做是在道斯镇的莫拉达路（Morada Lane）上，我的朋友，作家温迪·强森（Wendy Johnson）也在车上，当时，鲍勃·迪伦（Bob Dylan）刚刚发行《被遗忘的时光》（*Time Out of Mind*），我们把音乐放得很大声，车开得很慢，非常慢，时速可能不到十五公里，感受着迪伦粗犷的声音，他的歌词，泥地上轮胎的滚动，风吹着，在空间移动，车窗摇下。

我父亲会说："荒唐！"

做点荒唐的事情，很好。但是请不要在高速公路上做这件事。

No.5

究竟什么是“书写练习”

老师教我们，冥想时要持续地超越我们胡思乱想的、执着的思绪，回到呼吸本身，而我也了解这一点的重要性。我们由此学习如何放手，不要执着，不要紧紧抓住不放，但我也注意到，我对那些思绪充满了好奇，因为那些思绪不仅仅是幻想或不真实的胡思乱想，而且并不容易放掉。我不想排斥它们，我觉得它们很有趣，我很好奇，觉得惊喜。啊！原来我都在想这些啊！只靠着呼吸当作冥想的工具似乎太薄弱了，我想要丰厚且自由不羁的感受。如果我随着这些思绪，到心头纠葛之处，看它们能够带我去哪里，然后用书写来让自己终于释怀呢？似乎，书写练习是冥想练习的完美辅助，兼具丰实与轻薄，清明澄澈又粗犷奔放的特质。想一想，当然是缺一不可的！

你要这么做：

1.手不要停

不管你决定要写十分钟、二十分钟或一小时，中间都不要停下来。不用急，不需要紧紧用力握着笔，可是要不停地写。这是你穿越狂野心智的机会，你可以看到自己真正在想些什么、你如何看待事情、你的感觉如何，而不是你认为你应该如何思考、观看与感觉。我不是说你必须描写抹了奶油的性高潮才能触碰到你的狂野心智，你可能最后写的是吐司、喉咙痛、你的指甲，无论写什么，都会是活生生的、真实的。

是的，即使你从未离开家，从未卸下灰色西装，你都还是有个狂野的心智，话语之下跃动着力量的人。真正的联结，那是人类与生俱来的，开始去接触它吧。

你可能写了十分钟却一直没有安静下来，没关系，当你开始书写，如果能接受心智当下的状况，如果不抗拒，最后你都会安静下来的。我在笔记本上写下我的思绪时，学习到了这一点。

以下列了更多的规则，但是唯一需要记住的就是“不要让手停下来”。练习本身会教给你需要知道的一切，其他规则只是在支持你，让你的手别停下来。

2. 允许自己写出全世界最烂的文字

你必须做很多练习，“宝石”才会冒出来。在“真正的秘密”避静写作营和书写练习里，我们不是在寻找宝石，而是借此接触并接受我们的整个心智。写下无聊的事情、抱怨、暴力、生气、执着，具有破坏性的、恶毒的、丢脸的、害羞的、脆弱的思绪，让我们看到它们，并和我们的这些部分交个朋友。我们冥想时不逃避它，也不抗拒它，在生活中亦如是。书写练习要求我们所有的部分都现身，当我们让步，不再批判时，它们通通是独特的宝石，不是吗？

3. 要精确

不要只写“汽车”，要写“凯迪拉克”；不要只写“马”，要写“奶油色的马，鬃毛和尾巴是白色的”；不要只写“水果”，要写“橘子”。

如果你不记得树的名字，不要停笔，就写“树”，你以后可以查出来是“梧桐树”。一直写就对了，不要责备自己不知道那棵树的正确名称。对自己一定要怀抱大量的善意，如此你将会写出很多很多文字。

4. 不要控制

说你要说的话，不要说你认为自己应该说的话。

这些应该足够带领着你稳稳地穿越心智之地了。

你必须持续地做，才能深耕。在做的过程中，你和自己的心智建立了某种关系，无论面对的是什么，你都将学会放下，这就是练习。

有人问过："什么时候不再是练习，而是玩真的、真正的冠军赛呢？"

你知道答案是什么，练习不为其他，"练习"就是练习处于生命的当下，握笔的当下。去吧，写满白纸或电脑屏幕，你在想些什么？把生命写下来吧！（译按：此处原文为双关语，Put your life on the line. 也可以译为"让生命处于险境吧"。）

No.6

书写开始的入口

我们拥有这一生，日复一日地活着，人生过得很快，但有时也会觉得过得不够快，尤其在我们觉得沮丧、愠怒、萎靡不振时。这些词很棒，这些缓慢的时刻，可能有些事情会发生，让我们有机会穿越让人磨出水泡的超快速生活，到达另一边。我们可以转身，看看自己，好奇一下。在这一切的最底层，我们渴望了解自己，光是看我们的行为，我们不会知道这一点——在喝威士忌、吃早餐的时候不听女儿说话，在时速限制三十公里的地方开到一百公里。我们急着离开，同时渴望回家。

书写、静坐、慢走时，灵光一闪，出现了那么一个时刻，我们穿越了。我们不断抗拒、脱离、挣扎的事物展开，变得透明了，或者，更好的是，问题不再是问题了，而只是它本然的样子。

仔细注意那些小小的入口。

上个星期，我带了一次“真正的秘密”十二月避静写作营，完全累坏了，但在开始静坐前，我根本不知道自己累瘫。真是难受极了，心里想到的每一件小小的事情，都可以让我紧张无比。我知道我的紧张不是实相，但我却无法摆脱紧张的感觉，无法达到禅的境界。第二天，我从左眼眼角听见，嘿，纳塔莉，这是生死大事。整个思考荧幕消失了，我的肌肉松弛了，我处在当下了，没有任何一件事情有那么重要。

那个声音是什么？它从何而来？如果你学习寻找那些小小的入口，

一个开始的起点，那个没有迷失的你，那个正被思绪绊住，但不相信这些思绪的真实性的你，可以帮你找到一条路，让你脱离困惑。

“这是生死大事”是什么意思呢？我无法确定。或许是我不再需要担心父母亲的死亡，他们已经过世了，下一个就会是我自己了。或许，在不知不觉中，我用忙碌让自己抗拒死亡，还是说，我在试图赶在死亡之前，完成一切？谁知道呢。

人类是很奇特的动物。我只知道，“这是生死大事”这句话挺管用。

你无法刻意制造这些入口，但是你可以培育入口的土壤，使之肥沃。如果你一直不肯安静地坐下来，灵魂深处的你甚至不会知道你对这些入口有兴趣。经由练习，经由活在当下，我们等于是在对内在深处的生命力量释放出讯息说，我们准备好了，请帮助我们。请注意，请带领我们走出困惑。

就是这时候，书写就是书写，静坐就是静坐，慢走就是慢走。无聊、抗拒、恐惧和怀疑的面纱被挪走了。坏脾气的纳塔莉，甚至快乐的纳塔莉也都消失了，就只剩下如是诚实的当下存在。

这听起来很棒，可是需要努力。除了我们的忧虑、电脑、帮车道铲雪、哪家面包店的面包比较好吃、美国道琼工业指数、上个周末胖了半公斤之外，你需要培养对书写的兴趣。我们必须培养早餐谷粒和周六夜晚聚会之外的兴趣。

我现在正在佛罗里达州（Florida）的一个避静写作营中，窗外就是海洋。每天早上，我醒来第一个冲动就是穿上衣服，去海滩（很幸运的，一月中旬的海水太冷了，否则的话，没有什么能够阻止我）。但是多年经验告诉我，如果我先写笔记本，到了一天终了，我会更满意。每天早上，一定会有某种其他的冲动，我持续不断地受到挑战，必须坚持不懈。但是我必须承认，我确实有一个抗拒诱惑的技巧：纳塔莉，如果你去坐下好好地书写，你可以享受巧克力和可乐，加了冰块的哦。我立刻就座，拿起笔开始书写。今天是第五天了，纳塔莉已经不想吃巧克力了，现在唯一的机会就是找到入口，那个开始的起点，我可以非常专注地写作，就连那杯冒着泡泡的糖水也忘记。

但是，请忘记我这套欺骗的伎俩，坐下来，和脑子里跑来跑去的电子相处。接受自己本身就是很棒的事。昨天，写了好几小时之后，我抬头，看到海上有一只海豚跳起来。你看！它又跳起来了。今天，刚刚，就在我写这一段的时候，又看到一只。我觉得这是一个讯息，继续写，从你身边的任何事物得到鼓励。

如果你人在空气潮湿闷热的克里夫兰（Cleveland），或是在干燥的死谷（Valley of the Dead），或是在已经下了三个月的雨的西雅图（Seattle），这些都可以是支持你的要素——把这些现象写出来。不要羡慕佛州，佛州也有佛州的问题，这里的蟑螂简直有手掌那么大，我起床的时候，会看见它们冲着躲进衣橱里。没有一个地方是天堂，但每个地方也都可以是天堂。

身为作者，我知道我随身携带着一生的回忆，但如何找到入口，找到开始书写的起点，以便描述这一切呢？这有点像在餐厅跟人聊天一样，和老朋友在一起，你们可能回忆旧事；和同事在一起，你们可能谈公事；和孩子在一起，你可能教他合宜的礼节。入口在哪里？一成不变的生活中出现的变化在哪里？和一位你不太熟的男人吃饭，他是很好的倾听者，忽然，一个话题开启，你发现自己正在告诉他三岁的时候，一个夏天，你在长廊上，烤肉、蒲公英、门廊、蜘蛛、你在父亲很喜爱的合欢树上抓到的日本甲虫。你觉得你爱这个男人，等一下，你爱的其实是你自己。他的倾听，把你自己给了你。

我有一个学生，她已过世的父亲曾经在二十世纪七十年代帮《纽约客》（*New Yorker*）杂志画过很多封面。在我眼中，这是最高成就了。我爱死《纽约客》的封面，怪诞、有主题、活泼、有趣，有时很尖锐，总是处在时代潮流核心。他的商业创作足以养家，但是他渴望成为真正的画家，不想只画杂志封面。

你可能在做很棒的事情，但还有其他事情召唤着你。我六十三岁了，但我还未找到某种方法、形式、入口，来写出我想要回忆并细细品味的一切。这些回忆会和我一起死掉，而我不希望如此，所以必须和时间赛跑，可是，要跑去哪里呢？会直接进坟墓。所以，不用急。我们要欣赏路上的紫丁香，要找到入口，述说记忆中的故事、复杂的爱情关系、在电影院里吃爆米花、早上三点下了雨雪、在铁轨上走着，或二十四岁时在旧金山一间公寓里遇到一位名叫劳其琳·冷德的女孩正在读《白鲸记》（*Moby Dick*），虽然我从没读过这本书，但我们产生联结。你要如何描述重要的事件呢？短暂或是长久的爱人，你曾经碰触他的耳朵、大腿和肚皮；你曾经连续好几个星期寂寞地到处走来走去，却无法告诉任何人你的寂寞；有那么一个月，你毫无来由地快乐；你想去旅行却从未成行的地方——印度、中国西藏、尼泊尔、越南——从未看过这些地方，你的感觉如何？当你感觉到失望和背叛，你的眼睛、手感觉如何？

如果你开始唠唠叨叨诉说这一切，不会有人要听你的，就像在错误的时刻提起不合宜的话题一样。所以，你必须寻找正确的时刻，找到入口，进入你内在世界的入口，把你的记忆拿出来，让人愿意倾听。

嘿，你想听我的童年故事吗？

不想耶。事实上，我忽然想起来，我非常需要面包，我得走了。

可是我以为你对面粉过敏？

现在不会过敏了。然后匆匆逃走。

让我们试试别的方法。“我在想，棒球手威利·梅斯（Willie Mays）——

你知道威利·梅斯是谁吧？——从八岁到十二岁左右如何影响了我的童年？”

如何影响呢？

看到了吗？对话要有某种角度，某种令人好奇的元素，需要有些微微的调整。

把你想写的事情列一张清单，你可以用怎样的角度写呢？你能够取得怎样的位置，让昨天的吐司，无论烧焦与否，都变得有意义呢？

我也想提醒你，你可能永远不会有机会这样书写。就像那位画《纽约客》封面的人一样，一直没有成为“真正的画家”，但是我敢说，他的人生、他画的封面，都因为渴望而更为丰富了。

有时候，我可以每天静坐，却在冥想中一直找不到入口，但是，静坐本身让我的生命更为丰富。无论如何，世界已为我开启，只不过不是用我以为的样子开启而已，它没有满足我的想法，但是满足了我的人生。想一想吧，蛮妙的。

No.7

寻找让你获得安宁的那一刻

你可以告诉我一个对你而言很重大的时刻吗？在那个刹那，你从此用不同的角度看待一切。不是激烈的时刻——不是你赢了乐透大奖，或是你在森林里迷路了却没有带一点食物——而是安静的时刻，你的整个觉知改变了。

如果你像我一样，那么，这种时刻并不多，但是，我有幸拥有的那几个时刻，我狠狠抓住了其中一个时刻，我看到我将把自己的一生奉献给书写与心智的结合，当时我才二十三岁，完全不知道这个想法会把我带到哪里去，有时候我也很难持续忠于这个想法，但是我很感激。

我在方便禅中心，请学生告诉我一个生命中的重大时刻。麦克·史汪伯格当时在场，事后他跟我说，他曾经在非洲布基纳法索（Burkina Faso）和平部队当护士，在那边，只有男孩才能上学，女孩的工作就是一大早到井边帮家庭打水。每天，麦克站在井边，拿着小黑板，上面写一个字母，女孩们排队等着打水时顶多就只能够学这么多了。第十八天，他写到了R，十岁的女孩米莉安（Miriam）已经学会自己名字里所有的字母。米莉安第一次在他的小黑板上拼出了自己的名字M-I-R-I-A-M，眼睛里亮起了永远不会熄灭的光，忽然，那些符号有了意义。米莉安是第一个，其他女孩的名字还需要别的、还没教到的字母，例如，冰桃（Bintou）或齐娜宝（Zenabou）。她们必须等一等，才能拼出自己的名字。

麦克说起这事的时候，我可以想象米莉安的名字从呼吸凝聚成书写字母，她的脑神经联结了起来，思考有了新样貌，语言的向度也拓展了，云、太阳和树梢都不再如此遥远，经由她的指尖，产生了新的沟通。

但是麦克提起这个属于米莉安的时刻，是想要告诉我别的事情，因为这也是他的时刻。“我是护士，我当时觉得我想开个诊所，但在那一刻，我明白教育可以成就一个人，教育比护理工作更重要，这才是人生的基础。我在那个村子里建了一所女校。”

“你离开之后呢？”我问。

“我回家，在哥伦比亚大学拿到教育硕士学位，现在在弗吉尼亚州立大学（University of Virginia）任教，找到了我真正的事业。”

多年前，我的朋友芭芭拉·史密兹（Barbara Schmitz）告诉我，她十九岁时，还很天真无知就结婚了。她走上红毯时，教堂忽然充满了光芒，她知道，是的，这就对了。十九岁时我们知道些什么啊？我们都在碰运气（很可能只要是恋爱，都是在碰运气）。但是，即便她的丈夫巴柏是个狂野的家伙，常常早上三点叫醒她一起看电视，她当时的直觉却一直延续了下来。他们住在内布拉斯加州（Nebraska），圣诞节的时候，他在隔壁空地上挂了圣诞灯，拼出“祝福所有生命安好喜乐！”的字样，旁边还有一个大大的心形霓虹灯，上面有翅膀，让他们的邻居简直快疯了。他混合了苏菲教派的符号，以及佛经里谈到慈悲的话语，邻居问他，到底在说些什么？这是哪一种宗教？他们无法理解，但长达五十年的婚姻她很快乐。

伟大的吟唱家东尼·本内特（Tony Bennet）曾说，很多年前，他有嗑药的习惯，那时，他跟伍迪·艾伦（Woody Allen）的经纪人杰克·罗林斯（Jack Rollins）谈过。罗林斯认识莱尼·布鲁斯（Lenny

Bruce），他告诉本内特："布鲁斯辜负了自己的才华。"这句话改变了本内特的人生，他不再嗑药，走上了完全不同的道路。

要信任那些时刻，让它们指点我们的人生，这很重要。我们常常有了入口——清澈而安静——但我们却否定了它，"哦，太可笑了""噢，我做不到""我不能那样子生活"。有何不可？这些时刻灵光一闪，这些洞见让我们看穿了我们平常思考的困惑，达到清明，多好，我们为什么不听话呢？反而要听那一大堆的杂音——我应该去店里买东西、我应该买辆车、我应该看看有些什么新的电影、我需要新的泳衣、我看起来太胖了、我都没有朋友……我们为什么要跟随这些思绪，好像它们才是真理似的呢？

另一方面，我们却喜欢将这些时刻弄得神秘兮兮，一再重述。我们把它转化为外在经验，而没有对这个生命的赠予负起责任。别这样，我们够勇敢、够聪慧、够能干，我们可以真正面对这些洞见，让它转变人生。

现在，回头看看自己的人生，写下这些时刻。你对每一个时刻，都做了些什么？你忽视了哪些？现在可以正视它了吗？

No.8

学会领悟真正的快乐

过去的三周半，我都在生病。我可以说是得了流行性感冒，但是这样说就过于简略了。

我的双眼血红——医生说是急性结膜炎。不是小孩子才会得结膜炎吗？我问。早上醒来，我的眼睛都被黏液粘住了。

我的嘴肿起，咳出绿色的痰；我耳鸣，一切声音听起来都好像我在水里似的。

我应该继续描述下去吗？为什么我觉得需要写出这些细节呢？这三周里，我读了谷崎润一郎的《感官世界》。这本书又长又缓慢，非常精彩，什么都谈到了。关于主人翁的感冒、过敏、被虫子叮咬、肠胃问题都有很多细节着墨。我读着，没有畏缩逃避，我们是人，生病是自然现象，是生命的一部分。

我必须承认，等我读到第五三〇页，最后一页，我特别喜欢最后一句。妹妹——整本书中从头到尾都存在的、最强的旁白——终于要结婚了，结果："由纪子的腹泻持续到二十六日，去东京的火车上，造成不便。"这本书就此结束。

我们看到一个三十多岁的女人，活泼而充满期待地——在二十世纪中叶的日本，这个年纪算是晚婚了——朝着自己的前程奔去，身体紧张不已。别那么中规中矩嘛，你该喜欢这幕的，光是为了作者的诚实就值得了。别人不会告诉我们这些事情，所以要感谢这位作者如此诚实。

我生病的时候，躺在床上，也读了强纳森·法兰岑（Jonathan Franzen）的《自由》（*Freedom*）、罗拉·希伦布兰德（Laura Hillenbrand）的《仍然完整》（*Unbroken*）和博伊尔（T.C. Boyle）的《玉米饼帷幕》（*The Tortilla Curtain*）。我的阅读速度不快，但三周都躺在床上，时间很多，有时我从卧房窗户看出去，看着缓慢干爽的春天淡绿的景色和近处的紫藤，有时我停下来，打喷嚏、咳嗽、擤鼻子、喝口热茶。

朋友打电话来表示同情。是的，我病得很重，我确实躺在床上太久了，但我马上又回到手上的书中世界。

事实上，我很快乐，很久没有这么快乐了。我知道，一旦体力恢复，我又会充满热情地投入疯狂的活动节奏中。我很幸运，我喜欢我做的大部分事情，但是当我躺在床上，我发现，热情和快乐是两回事。你无须做什么才能快乐，你就只是接受快乐，像地下水源一样，每个人都可以取用，但是我们只能静静取水，让它流过我们。如果井四处飞奔，是不会有泉水涌出来的。

我们误以为成功、欲望、成就，甚至我们喜爱的事物，就是快乐。在我的日常生活中，我甚至不会想到快乐这码子事，我忙着跑来跑去，防卫、建立、发展、抗争、坚持、争辩，在一片混乱之中活跃地参与着这一切。我们的社会强调权力、强势、个人，我们因战争坚强、勤奋，不然，如果我们承认这一切的实相是痛苦、无效、破坏，为什么还不断参与呢？

快乐从何而来？在施与受之间，内在与外在的相遇之处。阅读一本书不就是这么一回事吗？启蒙也是一种相遇，是内在与外在的关系。你不会在真空中醒过来，佛陀抬眼看到晨星，于是顿悟，整个神经系统都

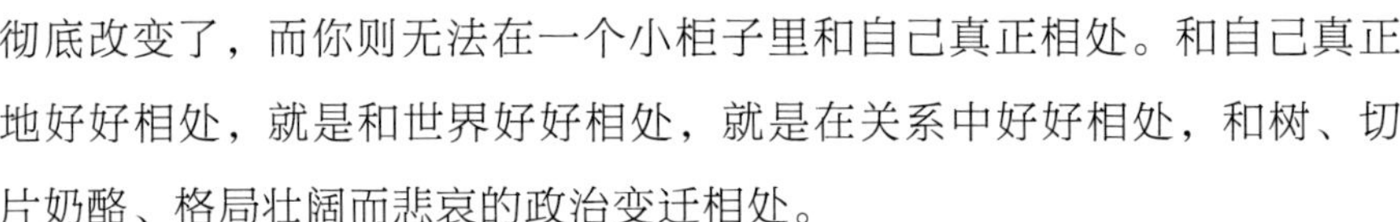

彻底改变了，而你则无法在一个小柜子里和自己真正相处。和自己真正地好好相处，就是和世界好好相处，就是在关系中好好相处，和树、切片奶酪、格局壮阔而悲哀的政治变迁相处。

快乐中有着和平。我们的社会很少考虑到和平：人和人、人和环境之间的和谐互动，或在冲突时不伤害任何二力，且总能顾及伙伴情谊、付出关怀、消除敌意。我们称之为呼吸交替魔咒，感觉我们的吸入和呼出，很单纯地当一个“人”。佛陀曾说和平是最高的良善。我想我们都同意他不是笨蛋，但是我到处都看不到真正的和平。

生病时，我安静地蔫了下来，没有能量参与任何活动，无法执行日常生活中无数的细节。我不是说生病是最理想的状况，但昨晚我注意到自己正为了某件事情恼火时，我知道我的身体好转了。“担心”偷偷出现了，我又回到了人类生命的苍白里，那一刻，我的快乐去哪儿了？我和生命失去了联结，和接纳、耐性的核心失去了联结，和我的肚子深处以及安乐幸福的基础失去了联结。

第二天，我把自己拖下床，去隔壁房间，盘腿坐直，静坐了半小时。我想用呼吸将乱跑的心智稳定下来，一再地回到当下，重新获得如此容易失去的满足感。

我常常告诉学生：“不要放弃现有的一切。你渴望的爱不在其他地方。”

我静坐着，有很长的一段时间，我一直在回忆着奥斯威辛集中营（Auschwitz）。去年夏天，我在那边冥想了五天，然后我想到了院子里的堆肥，想到或许该买一些燕麦。思绪没有地位高低之分，心智可以在刹那之间，从严肃的议题跳到平凡的事情，然后“啪”的一声，我回到自己了。如果我要快乐，我必须了解快乐是什么，然后随时随地将自己奉献给快乐。我不能靠着一直躺在床上生病来获得快乐，不生病的时候，我也必须如此承诺自己。

我非常喜爱简洁神秘的禅宗公案，因为这些古老的中国智慧教导我们如何体现原始的大自然，其中也包括了疾病。

伟大的马老师生病了。寺院住持到他房间去，问他：“你的健康如何？你的感觉如何？”

伟大的老师说：“太阳脸的菩萨，月亮脸的菩萨。”

我们可以尽情猜测其中的含义，但重点是：疾病也是达到和平、理解和快乐的一部分。所有事情都是其中的一部分。

在牙医诊椅上，要如何和“满足”保持联结呢？听新闻的时候要如何保持和平呢？有时候，快乐就处在我们哀伤的核心。

我朋友的丈夫过世了，才三十多岁。她很失落，但心理咨询师说：“享受你的哀伤吧。等这一切都过去之后，你会想念它的。”你能够想象吗？无论你的心里是何感觉，都要处在生命核心之中。

我不是说快乐有方法可求，而是说，受过训练的心智会检验状况，不会就这样崩溃掉。如果你生病卧床，这是一个机会；如果你一直和某位朋友处不好，往深处看，超越争吵和误解，或许你们的关系几年前就已经死了，只是你没注意到，因而还紧紧抓住从前爱的感觉；或许这个关系还会再度生根，或许不会。

大学时，唯一引起我兴趣的课程是哲学系的伦理课。我们研究笛卡儿（Descartes）、柏格森（Bergson）、詹姆斯（James）、康德（Kant）和苏格拉底（Socrates），整套西方文化里死去的白种男人。每篇文章的本质都是在探讨快乐，快乐是什么，如何获得快乐。

当我跟随日本禅师学习时，他说：“无论你做什么，都要经由法喜达成。”他扬起黑色眉毛，表示他指的包括一切。是的，你，纳塔莉，也可以做得到。那时候，我三十一岁。

没有人能够把快乐放在银盘上，或是放在桌巾上送给你。尤其，我们根本不知道快乐是什么，我们的工作就是仔细地注意、研究。我们可以拥有快乐、和平时，也可以同时拥有喜悦、乐趣、愉悦、愤怒、攻击性吗？我们要如何学习持续地与自己在一起？

很惊人地，我继续待在床上两星期，总共五星期，时间颇长。我的耳朵，耳咽管受到感染，很少血液流经那里。我感到满满的脑涨感。星期三，我终于有一点能量了，我出门去，急切地要回到人世中。我真笨，我大概完成了三十项任务，包括晚上和朋友聚会。我很享受这一切，但就在我要睡着的时候，我问自己：你快乐吗？

答案很快出现：我只有在后院种番茄和草莓的时候，很快乐。

第二天早晨，我醒来，床边坐着臭脸先生——寂寞。我以前当然也感到寂寞过，但这一次，寂寞在我身旁瞪着我。我失去了天堂——躺在床上的那一段长长的时间。

接下来的几天，在不同的时刻，我问自己：“你快乐吗？”我又开始忙个不停了，我不知如何找回快乐，我无法刻意快乐。病愈七天后，我在银行排队，像一只猎犬或负鼠，毫无来由地忽然感到快乐升起。我存了钱，坐在车里，问自己：“发生什么事了？我做了什么？”我几乎像是爱情小说里描写的“快乐满溢”。我并没有在谈恋爱，只是在生命中游泳罢了。

今天早上，我穿好衣服，准备出门时，心情郁闷，因为我的过敏反应，五月不停的风和干旱让我的皮肤干裂。我问自己：“你快乐吗？”检查一下，提醒自己。我低吼：“不！”但是我没被说服。有些防卫被摧毁了，即便再难受，里头也可能有一些快乐，然后，快乐开始冒出来了，清晰饱满，毫无来由。

这是有原因的：我注意它。这些年来，快乐一直在那边等着我。《美国独立宣言》说我们拥有快乐的权利，但是我们却忘记追寻快乐了。其实，你无法真的追寻它，但可以注意它，这样它就会发生。然而，我们疯狂追逐快乐，却不断购物，或经由仇恨、偏见和僵化的想法制造痛苦。

快乐很害羞，它需要知道你真的要它，就像追求书写一样。你写出真相，它会引导更多的真相冒出来。你不能贪心，不能麻木，不能无知，快乐是害羞的女孩，需要你和善地注意，然后它就会过来。你不需要生病，就可以获得快乐。

No.9

制定正确的决心和计划

“真正的秘密”避静写作营里止语，我的座位旁边有一个大碗，学员可以把问题和回应写下来，丢到里面。他们通常不签名（是在小片纸上写下他们的想法，折起来）。

有时，我会提早到禅堂，翻一翻这些纸条。有时候，某个回应给了我演讲或书写的灵感。

某个八月的周二，我打开一张折起的纸条，忍不住大笑。上面用铅笔写着：“无心”（译按：原文为 Never mind，文字表面意思是“永远不要用心智”，但也有“不要在乎”“算了”之意）。你看得到这里面的整套思维吗？往前的动力。挣扎、放手，我把这张纸条放在皮夹里，整个宇宙，用两个字就完整表达出来了。

今天下午，又有一张纸条从我的笔记本里掉出来。这是五个月前的一次写作营。“我要如何避免将练习变成‘待完成事务清单’，然后又变成‘我应该’呢？”

这是个好问题，你同意吗？我们经常如此，我们想要冥想、书写、跑步、戒毒，清单无限长，变成了一场战争。我要，我不要。我没做到，我觉得羞耻、失望；这是个蠢主意，我并不真心想要，或是我不认为我可以做得到。

但这不是真的。某些种子，某些饥饿和渴望是真实的，且在我们散漫无章、瞬息万变的思维模式之下苏醒了。我们的努力等于是为种子浇水，但努力可能得到误导，变成我的学生提出的问题，也就是“又一件我必须做的事情”。我们失去了灵魂深处的联结。

我们要如何保持联结呢？首先，我们得承认，在心灵深处，这真的是我们要的，然后我们朝着它而去。有时，我们会失败一周、一个月、一年、十年，然后我们回到原点，回到营火的圈子里。人生不是线性的，我们有时会迷失，然后又回到原路。耐性极为重要，我们对自己的错误要有极大的包容性，我们不会在一夜之间改变。

我有一位很亲近的朋友，认真练习禅法很多年了。即使没有人出现，她一个人还是每天在禅堂静坐。十年，十五年，然后反噬发生了，她无法再度接近禅堂或静坐的椅垫。她受够了。

有十年之久，一想到冥想，她就想吐。

这个月，她搬家了。我去看望她，有一整个房间被布置成圣坛。

我问：“嗯，你会再度静坐吗？”

她的脸上出现小小的微笑，“一点点。晚上，睡觉之前。”

她无法静坐的那十年是否也是练习的一部分呢？她是在创造新的静坐模式，以让她的静坐再度活起来吗？或许吧，因为热度还在，即便那时候的她非常受不了静坐，还是和静坐有着联结，只是感到困惑。能量还在，虽然不舒服，但在表相之下，还是有些什么在作用着。

当你嗑药酗酒，或使用任何方式麻痹你的惊骇与挣扎时，你就真的迷失了，与你真正的渴望失联。然而，在挣扎、在“应该”与“清单”之中，有某种迹象和方向，你想要的某些东西。

有时我们来到禅堂，没有热情、没有心，练习完全是死的，还不如出门去喝一大杯冰淇淋汽水或吃个苹果。

柏尼·葛雷斯曼（Bernie Glassman）帮自己在华府办了个长达五

天的五十五岁生日聚会，那五天是华府有史以来最冷的五天，穿着外套、裹着毯子，他整天静坐，心中只有一个问题："我能为这个国家的流浪汉、艾滋病和反暴力做些什么？"他练习禅法很多年了，对这些严重的社会问题还是没有答案。他静坐时，有时会有十五个人陪他一起静坐，有时更多。他和朋友们一起想这个问题，五天结束后，他有了答案。他要建立禅宗和平团。

这是个美丽的故事，也是个很好的范例。他有明确的目标，没有被散乱的心智误导，也没有忘记自己是谁。

关键在于"埋头努力"，就是去做，选择你在乎的事情、你心中一直不断出现的事情，就比较有机会成功。即便一时迷失了，你总可以找到路，回到原点，不断地来回，建构练习的支柱，你有这样的心吗？要有耐性。

否则，你的人生将如水龟，永远在水面上滑行。你不要这样，你的心灵深处不要这样。你要的是你自己，练习就是接近自己的方式。

No.10

定义属于你自己的练习内容

我一天到晚说“练习”，学生点头。但是不久之后，我发现，“练习”的定义因人而异。

有一年的课程，我们每隔三个月聚在一起，做一周的止语练习。某次课程的第一天，我要学生选择一项可以做一整年的练习。一周结束时，大家念出自己的选择：不再吃油炸食物，减掉十公斤以上；每天跑八公里，强化股四头肌；每天静坐一小时，书写一小时，完成一本小说。清单都差不多，充满成就取向，往前看，勤奋不懈。

轮到我的时候，我的愿望比起来简直是轻量级的：每周五天，每天静坐二十分钟。当时，我大可以讨论练习这回事，但是我决定静待结果。

三个月后的春天，我们又相聚了。第一个晚上，吃完晚餐之后，我问：“结果如何？”

有些人傻笑摇头。“不太好？”

“你们知道吗？我们可以改变接下来的计划。”我说，“让我们谈谈，‘练习’是什么。”

为什么我不从一开始就否定他们不切实际的计划呢？因为我知道他们不会听我的话——噢，他们会听话，毕竟，他们都是我亲爱的学生啊——但他们不会真的听进去。挣扎和失败具有很强的效果，其间的差距让你明白自己并不知道一切，因而创造出小小的空虚，在这里，你便

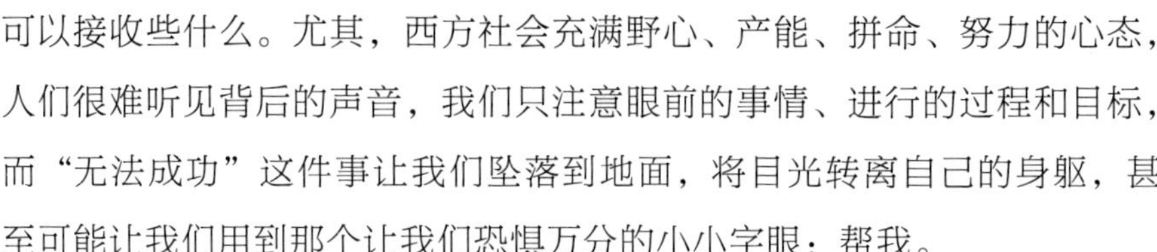

可以接收些什么。尤其，西方社会充满野心、产能、拼命、努力的心态，人们很难听见背后的声音，我们只注意眼前的事情、进行的过程和目标，而“无法成功”这件事让我们坠落到地面，将目光转离自己的身躯，甚至可能让我们用到那个让我们恐惧万分的小小字眼：帮我。

那个四月初的聚会，外面吹着春风，落叶树的树梢冒出了一点点淡绿色，我们讨论了“练习”的定义。这和“练习导致完美”的俗谚不同。练习就是对你选择的事情，没有目标，规律地做；你的目的不是改进自己，不是去到哪里，你做，只是因为你要做；不管想不想做，都去做。当然，一开始的时候，做的是你自己选择、想做的事情，但是一周、一个月之后，你还是会抗拒，即使你衷心喜爱，还是会出现惰性和障碍：我可以更加利用时间、我累了、我饿了、这件事情实在很蠢、我需要收听晚间新闻。这时候你有机会遇见自己的心智意识，检查一下它在做什么，看一下它的计谋和心计。这才是最终的练习：到达自己的前线——后门。你决定持续地长期做某件事情，完全不思考这个主意是好是坏、不考虑得失，就看看会发生些什么事情。没有鼓掌，没有批判。

我告诉学生：“这就是为什么你们需要花点时间决定要做什么练习，因为它需要持续的承诺。需要合乎实际，有可能实现的事情。”

我选择每周静坐五天，因为我知道我需要弹性。有时候我可能无法静坐。如果你可以每天在固定的时间和地点做这件事情，很好，但是现实生活很难办到，所以我让我的承诺保持简单：每周五天，每次二十分钟。如果我这周已经有两天没有静坐，而且已经是星期天了，这星期的最后一天，晚上十一点，我很累了，我还是静坐二十分钟。我很累，但是照样做，或许还打了点盹，但我到底还是做了。

为什么呢？直接上床睡觉不是简单多了？

不，这个持续的练习表达了你真正的决心，对你的潜意识、对你深处的抗拒送出讯息，表示你是认真的（你的抗拒会吼得更大声，你就吼回去）。过一阵子，这个练习就有了很强的马达，内在深处的那个“非个人力量”就出来了。它强化并支持你对生命的承诺，无须特别的原因，不是因为你是好人或坏人，或值得，或善良，或成功，而是因为你就像一棵小草，或雷霆，或白云一样地活着。

去年，有人送了我一株牡丹，放在我厨房的水瓶里，它一直开花。任何早晨或晚上，我走进厨房，它都美丽无比地盛开着，不为了谁，没有特别原因，只是在做它活着就会做的事情。

练习会让这股力量苏醒，但是并非全无挑战，我们必须忽视逻辑、脑子找的借口，以及我们强烈的抗拒才行，练习可以建立真正的自信，这是外在的成功如名声、金钱、美貌等所无法建立的真正自信。这个信心来自你一再地保守承诺的事实，你做到了你说要做的事，承诺从事某个练习，那是你的生命有机会达成的练习，即使你可能少做了几次，搞砸了几次，但是你仍然坐在驾驶座上。就算有几次你没有出现，这也是练习的一部分，你要留意自己的缺席，不要那么僵化，要发展柔软的心和柔软的意识，不要惩罚自己，也不要因为缺席了一两次，没有静坐、跑步、书写或吃得健康，就干脆放弃了。

节食的人不就是这样吗？我们搞砸了一餐，就此完全放弃。因为节食是有目标的，我们必须减掉超过十公斤，否则就完了。我们揍自己的肚子，和自己打架，人在这边心里却想去那边。我们从一开始就痛恨自己，但这不是个好主意。仇恨只会导致更多的仇恨。

我们要如何把节食当成练习呢？或许我们可以决定吃得很健康？太模糊了。每天至少吃三次蔬果？不吃甜食？每周五天，每天喝八大杯水？我不知道你的答案会是什么。有时候，我们倒着达成减重的效果，减重成为练习的另一个副作用：觉知。

上次的工作坊叫作“深而慢：练习之道”，快要结束时，最后一个下午，我们解除止语，在房间里分享一年来的经验。

布兰达的脸上满是微笑：“你注意到我掉了十三公斤半吗？”

没有，我们都摇头。

她的练习不是每天书写吗？我心里想。

“我确实掉了十三公斤半。对我而言，静默是一件新鲜的事情。安静，不急着赶来赶去，时间那么多——我开始注意到一些事情。上个冬天，我回去的第二天早上，我正在吃早餐，我跟自己说：‘布兰达，你不需要吃得像是没有明天了似的。等下还有午餐，还有晚餐，你可以放轻松。’

“然后我看看四周，注意到瘦子盘子里的食物。他们拿的食物绝对没有我拿的多。我一直注意瘦子怎样吃东西，然后我模仿他们。我猜，这才是我这一年真正的练习。”

“如果你选了一个练习，但是不确定是否适合你呢？”一位新学员这么问。

除非你试了，否则你不会知道是否适合你，对不对？

这些春天加入的新学员用较为合乎实际的观点重新检视自己选的练习。从表面上看，有些练习似乎很平凡，不够英勇，没有要克服什么，可是我告诉你，在我们疯狂的脑子里，只要能够超越杂乱无章的思绪与抗拒，或在当下，就已经非常英勇了，简直是狮子心，坚定而无畏。

我要求他们弄一本笔记本，记录自己的练习。我给他们看我过去三个月的记录：小小的一本笔记本，很薄，是很久以前别人送我的，用订书钉订着，香蕉纤维做的，桃色。我现在打开来：

三月五日——跳过（我开始练习的第一天就没有做）

三月六日——上午7：30 ~ 7：50

三月七日——上午7：25～7：45，一个人在云山上

三月八日——上午6：25～6：55，坐了半小时，已经觉得放松

三月九日——周五，在帕罗奥图的溪边静坐

三月十日——米尔山谷（Mill Valley）图书馆外静坐，二十分钟，和温迪一起面对索萨利托的海洋

三月十一日——和比尔·艾德逊、米雪儿一起在金门大桥公园静坐，雾很大

三月十二日——跳过，回家的路上

三月十三日——早上静坐

三月十四日——更年期症状严重，躺着，而不是坐着，2：30～2：50

三月十五日——早晨静坐，在家里的工作室，到了很深的地方，感觉到了西宾市的罗夫任

三月十六日——躺着做练习，累坏了

我回头看，发现我把朋友也拖进来练习了。我没有写下静坐的成绩如何——不分好坏。我旅行的时候也做，身体不舒服的时候也躺着静静冥想。练习可以很灵活。我没有想我是个有经验的冥想者——我为什么做这么轻松的冥想练习呢？我有我的规定：每周五天，二十分钟。我有做记录的笔记本，就这样开始了。

笔记本让我和练习的关系持续下去。我看到：

四月二日——跳过，和乔安·哈利法克斯（Joan Halifax）去了鬼镇（Ghost Ranch）。〔注：我在这里先补充说明一下，以免大家感到困惑。圣塔菲有两位女性禅师，都叫作乔安，一位姓哈利法克斯，一位姓萨德兰德（Sutherland）。两位都住在我家对面。我在这本书里会提到这两位禅师。哈利法克斯是随意禅中心的住持，萨德兰德是觉醒生活（Awakened Life）的禅师。她在那里每周主持八次公案讨论，我经常

参加。圣塔菲不是个大城市，人口六万，但是，乔安似乎是个很普遍的名字。圣塔菲的桂冠诗人叫乔安·洛奇（Joan Logghe），往南九十六公里的阿布奎基（Albuquerque）还有一位禅师叫乔安·里克（Joan Rieck）]

有时很令人困惑。有一次，乔安·萨德兰德来我家拜访，坐在客厅。一位朋友刚好来访，我介绍她们彼此认识，但只提了名字，没提姓氏。我们三个说了四十五分钟的话。

第二天，我的朋友打电话来说：“我从来没想过乔安·哈利法克斯会长那样。”

“你说对了，她不是长那样。那位是乔安·萨德兰德。”

乔安得了肺炎，我还是拖着她去爬山，一直说这是很容易的山路。很明显，大雨才刚肆虐过这个干涸的河道，整棵大树被连根拔起，倾颓。我们头上聚集了暴雨将至的乌云。“我们必须找到逃生的路线，到古同地上去”，她一直说，“噢，再走一点嘛，这是我最喜欢的一条山路。”头上又发出崩裂的声音，她快速爬上陡峭垂直的沟壁（即使得了肺炎，这个女子还是活力十足）。

四月三日——早上五点静坐，整晚下雨

四月四日——跳过

四月五日——跳过

四月六日——跳过

虽然我跳过了几天——无论有没有充分的理由——记录都让与练习的联结得以持续。不是空白，不是欺瞒，就是记录——“跳过”。我还在联结之中。

我们认为自己在往哪里去呢？练习可以超越被习惯驱动的冲动，到达一个固定安稳的地方，即使我们其他部分，或是整个社会，都还在大喊着“成就”。

事实上，我们确实有所成就，如果这样说可以使你开心的话。你的“成就”就是了解练习是什么，练习可以安稳你的人生，让你的人生真实起来，建构一个很好的基础。不是“安好幸福”，是“存有的基础”，这是背后口袋里一个很大的空间呢！很棒的。

关于练习的讨论之后，贝丝选择每天写一首日本俳句。写了一个月之后，她的儿子被派驻伊拉克，她很心痛，很担忧。但是你能想象吗？每天有一小段时间，她必须抛下一切，打开自己，专注地写下一首俳句，这是痛苦之中的呼吸。

请看：（译按：为了合乎格式，文字稍作修改。）

暴风雨之后
帝王蝶汲取雨滴
从枫叶之上
正念崩颓了
与母亲争吵起来
她有失智症
心裂开来了
十月的玫瑰花香
母亲的最爱
不安无眠夜
不请自来的客人
新年随风至
他们携带的东西
阅读着越南

外面下灰冷的雨
黑暗的绝望
发誓不杀生
将蚂蚁携出室外
用报纸盛着
无法怪别人
一生有很多战争
未阻止任何
与母亲划船
两个懒人跃入泥
掠过了表面
靠愚蠢运气
从父母手中幸存
继续过日子
湖畔的小鹿
啃噬着稚嫩水草
我从未狂野
二〇一〇年九月二十日
周二犹如常
但却又完全迥异
这是就职日
无常啊，无常！
粉红的木兰花瓣
撒在绿草上

那一年，贝丝成为和平运动者。她把俳句寄给我，有时，特别是当她去探望住在威斯康星州北部凯博镇（Cable）的母亲时，会写一两首在明信片上。她不评价这些俳句，只试图抓住当下发生的事情或心里的思绪。

最近有一个结合瑜伽和书写的工作坊，几乎都是新学员。我请她当我的助手，一个下午，他们书写，然后两两分组，互相朗读。我走来走去地听，刚好走过贝丝身边，她正在朗读。我停了下来，已经很久没有听到她限时书写的作品了，她还是我的学生时，限时书写的作品往往比较肤浅。现在我听到深沉的表达；她的文字有了重量和完整性。

当全班再度聚首时，我转向贝丝："我可以问你一个问题吗？"我在全班面前这样问她（重修的老学生得忍受我。我对新学生比较好。或许也不是这样，让我们继续吧，我们可没有一辈子的时间）。

"贝丝，我刚刚听到你的作品。发生什么了？以前你的书写练习从未真正产生联结。"我的身体往前倾一些，"我可以这样说吗？"然后我继续说："你现在的书写很扎实了。"

她认真思考我的问题，没有抗议。她能够了解，这是深沉的好奇，不是批判——而且她习惯我的风格。"我以前会想讨好老师，让同学喜欢我。后来我开始写我生命中困难、伤痛的部分。"

我点头，新同学非常感动。整个星期，我都在跟他们说："为了书写，你必须愿意扰乱你的内心。"

你买了个好皮包、有了一只可爱的小狗、快乐的童年……这些都不是书写的好材料，缺乏足够动人的能量。虽然我这么说，如果你能够超越可爱的肤浅层面，触碰到诚实的亲密感和真实的细节，什么主题都可以写。

但是对我们大部分的人而言，在我们礼貌的外表之下，我们都有搅动、呐喊的不一致性与一颗疯狂的心，让它转动吧。

莎琳不确定自己应该做什么练习。她是长期的学生，可以每天书写或静坐，但是她想要新的东西。我不觉得是因为她对静坐或书写感到厌倦了。静坐和书写已经是她的第二本能，无论发生什么事情，她大概都会持续静坐和书写。就像刷牙，你不会想太多，就是刷，这很好。瞧，牙齿刷好了；瞧，你写了几页文字；瞧，静坐了半小时，检验了你的缺乏耐性、躁动不安，安静下来了，这些能量就是你的了，没有多少纷扰。你可能扩展了你的包容能力，双臂拥抱了一大堆人，尽管他们有着各种形式的攻击、无聊、欲望。

莎琳多年来也做了一个练习。她的声音很美，她写了一首关于学习跳华尔兹的歌，已经成为我们班上的班歌了。

《壁花华尔兹》

我轻点着头，脚打着拍子，
我在壁花街上占据一席之地。
好久以前，我就学会走路了——
请教我跳华尔兹。
有时我很害羞，有时我很慢，
我踏错拍子。我踩到你的脚。
我好想学会华尔兹，你无法想象——
请教我跳华尔兹。
教我如何在空中行走——
你知道我已经会一半了。
如果你敢，跟我跳舞：
请教我跳华尔兹。

请教我很慢很慢地跳华尔兹。
教我如何放手。
教我你知道的一切。
请教我跳华尔兹。
当我头发白了，八十二岁，
后悔着我从未做过的事脩。
我可以说，我和你跳舞：
你教我跳华尔兹。
放下提琴，放下琴弓。
我还站在壁花墙边：
我们会很甜美，我们会很慢。
教我跳华尔兹。
请教我跳华尔兹。

有时候，我们在禅室慢走、冥想，一步一步慢慢地，用我们的脚底将我们的心智意识安稳下来，我会问："有人知道某首歌吗？"有人会开始唱《困难的时光不再来》（*Hard Times Come Again No More*）或《我们终将攻克难关》（*We Shall Overcome*），唱歌的女人曾是密西西比州自由战士（Freedom Fighters）成员，一如每个人，都有对自己而言很重要的歌，我们唱着歌，继续一步一步往前走。

一整天，在深沉的静默中，我们和自己的意识与心智角力。我们都明白，我们都是壁花，害羞、破碎、和人心人性更为接近、更真实。当莎琳的声音充满整个房间，说出我们身而为人的人心人性时，我们感到某种释放，可以放松、接受、更深地坠入自己的内在，然后找到启发。如果我活到八十二岁，我会想要做些什么呢？

莎琳想要找个“新鲜”的练习的同时，家庭生活也陷入新的痛苦中。多年来，她都在一所推动特殊教育（自闭症、唐氏症、听力障碍）主流化的学校计划着当娱乐领导，因为经费减缩，她的工作从每周五天变成每周一天、两天、三天或四天。每周不同。他们会一直等到她周一到学校之后，才会告诉她那一周的时刻表。很显然地，这样的做法令人发疯，非常不尊重她。感觉上，他们根本就是在故意制造障碍和困难，想让她知难而退。他们希望她辞职，因为她资历深，是学校叙薪最高的老师。

四月的工作坊里，她写到每周面对工作的痛苦和不稳定。同时，她对这些年来的学生也有责任感，不想放弃他们。在她的书写中，她不断重申：我不会辞职。他们必须辞退我。

同时，她很惊讶地发现自己也在写快乐的童年夏日回忆，一家人在夏思它湖（Lake Shasta）度假。

童年最棒的礼物之一，就是全家度假、游泳。每年夏天两次，我们开车到夏思它湖，在碎石岸边露营四五天。在那边，我在清新的水中、在艳阳下游泳，到处都是水。我学会游泳之前，就在河底泥沙中爬来爬去，穿着橘黄色套头救生衣、游泳衣和一双凉鞋，保护我的脚，不被石头割伤。我在湖边泥里爬行，一半的身体在水里，一半在外面。

等我大了一点，不适合在泥里爬之后，我在艾尔·喜里多游泳池正式学游泳。我很会漂浮，把脸浸在水中，或是仰式漂浮。但我在夏思它湖的度假，才是真正的快乐源泉，当太阳升得够高，湖水开始温暖了，我们没有别的事情可做，只能游泳，在水里玩，坐在船上的漂浮椅垫或气垫上漂来漂去，轮流照看绳索或在船后头滑水。爸妈必须喊我们回来吃午餐，面包上面涂着已经融化的花生酱。爸妈必须强迫我们不要立刻又回到水里去。他们强迫我们穿上T恤衫，遮住晒伤了的皮肤，好好坐着，让他们在我们肩膀和背上涂抹乳液。陋衫在水中，又皱又湿地黏在身上，冷得害我们无法享受温暖阳光照射在皮肤上的感觉。

第二周结束了。直到夏末，我都不会再见到这些学员。

我很意外看到莎琳蹦蹦跳跳地来参加八月中的第一次聚会，充满活力和快乐。

我愚蠢地问她："你辞职了吗？"

"没有，情况还是一样，但是我有了一个新的练习。我去岸鸟自然中心下面的一个小海湾，伯克利码头游泳，我在盐水里游泳。"

"盐水？"我看到她这么满足，感到非常惊讶。

"盐水就是海水和流到出海口的河水混合在一起；我游泳的时候，可以看到附近公路上车子经过，我也看到蝴蝶、海鸥、鸭子，有一次甚至看到一头鹿。我把背包放在自然中心，毛巾放在大石头上，鞋子放在旁边。"

我感到迷惑。"你怎么去呢？"我知道她不会开车。

"我搭两趟公车，总共需要五十分钟，游泳二十三分钟，在公厕里换衣服，再搭十分钟公车去上班。我把游泳衣穿在衣服底下，带一套换洗内衣和一件工作用的衬衫。我通常走到水深及腰的地方，然后开始自由式游泳。"

莎琳没有将"接受自己悲惨的工作状况"，或"在心中对上级保持慈悲心"当作练习——长久以来，我们误以为这些才算是练习。她记起自己喜爱什么，在夏思它湖游泳，然后用这一点当作练习。她没有设法改变一个无法改变的情况。她把练习建立在乐趣以及深刻的努力上。上班

前，坐这么久的公车去游泳。

你不知道练习将把你带到何处。二〇〇九年，《纽约时报》有一篇文章谈到一位女士妮娜·山克维奇（Nina Sankovitch）决心每天读一本书，并在自己的博客写书评。她根据某些规矩来建构她的持续练习：越精确越好。所有的书都是她以前没有读过的，每本书的作者都不同，因为现实的限制，大部分的书都只有两百五十页到三百页，或是更薄。

她说，没有任何一天感觉像在做苦工，除了乐趣之外，她希望启发别人，让别人也喜爱阅读，但是她特别选择这个练习，是想要度过妹妹过世的哀伤与心灵探索。

这篇报道说，她的计划只剩下不到三个星期了。一旦一年期满，她可能好一阵子不会再读一整本书，但是你能想象这样的一个练习吗？它一定会改变你。妮娜以前是环境律师，现在戴着一条项链，坠子里面是一张小图，图上是一个男人坐在马桶上读书。

持续的练习极为激进，这不会是舒适的习惯，不是你根本不会注意到的那种习惯。即使是最简单的练习，只要你持续地做，都将会是一个挑战，都将改变你。即使你选择了原本就极为喜爱的事情，当你给它一个结构的时候，游戏就不同了。

练习好一阵子之后，如何保持新鲜感呢？做一些小小的改变：你可以静坐三十分钟，而不是二十分钟；每周四天而不是五天；在不同的地方静坐。

长期练习的妙处在于它建立的经验：你可以在位子上坐得更深沉。困难则是你可以只是虚应故事，不再有内在的努力，缺乏活力。

某次的避静写作营叫作“乱写之心”（Doodling Hearts）。我请诗人米莉安·塞根（Miriam Sagan）来当关系导师，坐在全班前面。有人问她：在长期关系里，你已经了解一切，觉得无聊的话怎么办？

她说，那是你的第一个错误，你以为你了解对方，可是你并不了解。我们以为我们拥有他们，把他们放进盒子里，然后我们说，没有什么事情发生。请仔细注意，我们无法拥有或了解任何人。这一点我们应该早点清楚，不要等到他们离开了，你才大吃一惊。

两天前的晚上，一位禅修朋友知道我正在写关于“练习”的章节，马上问：“你是指静坐和慢走的练习吗？”

不，我说。静坐和慢走并不适合每个人。

十二个步骤的戒酒课程可以给人强壮的基础，你说出自己的心事，然后倾听，没有交谈，没有回应。有人负责登记、煮咖啡，有人负责收捐款，自然而然地，你学会了这个模式。你不能把政治牵扯进来，你是匿名的。

圣约翰大学（St. John’s College）的“伟大书籍计划（Great Books）”是令我惊喜的练习机会。现在安纳波里（Annapolis）、马里兰（Maryland）和圣塔菲都有了。他们有研究东方的硕士班。我挑战硕士班主任克里斯曼・凡卡太须说：“你们就是读亚洲书籍啰？没有静坐，没有练习。那会有什么好处呢？”

“我们的练习就是倾听每个人。静静坐在演讲厅里让大家表达他们的想法和意见，即使当他们的想法令你生气时也是一样。”

我感到印象深刻。下一次听演讲的时候，我就来练习这一招。演讲主题不是东方书籍，而是《李尔王》（*King Lear*）。

一开始，我几乎想扑过去攻击坐在我对面的那个女人，还有那个坐在她对角线的男人，这两个人都说了些我无法苟同的话。我非常喜爱《李尔王》，心中充满热血，还记得二十三岁时修了一整个暑假的《李尔王》，这四十年来，心里都还怀着当时学到的见解。我不要任何人弄乱我的信仰，我简直是一颗炸弹，即将爆发，在这股热情中，克里斯曼的话

出现了："练习就是让每个人拥有自己的想法。"

我大大地倒退一步，深深吸了一口气，然后我倾听了一位十八岁在家自学的年轻人和一位环境律师——一位有着浓厚俄国口音的女人的想法。在圣约翰，我们彼此称呼博内特先生或高柏女士。硬纸板上写着我们的名字，放在桌上，这个做法让我们保持某种距离。我们的发言不是针对个人，也不是要让某人生气。

我离开时，觉得受到启发。《李尔王》有那么多面向，比我原先想得更多，允许别人的想法进来，就等于是打开了自己的脑袋，容忍一整个房间的个人想法，让我感觉世界好大，包容了一切，丰富而完整。没有敌人，没有斗争，倾听的能力似乎是民主精神强有力的基础。

你会想做什么练习呢？要合乎实际，就像我们不太可能每天爬一座山。要精准明确：多久一次？哪里？何时？你可能想找一个朋友和你一起做练习，一开始的支持会很有帮助，可以是远距离的朋友，你们可以用电话或电邮彼此联系，用一本笔记本作记录。保持简单，不要忘记写下你跳过没做练习的日子，拥抱你的做和不做，这都是你，也都不是你。

第二部分

避静写作营“真正的秘密”

召唤所有的饥饿心灵，
无垠的时间中，所有的地方！
漫游的人，口渴的人——
我给你这个作者的心智。
召唤所有的饥饿心灵，
所有的迷失之人，背弃之人。饥饿的你，口渴的你，
你的喜悦与你的哀伤都属于我了。

——摘自《甜蜜之门》（*Gate of Sweet Nectar*）并稍作修改

开始前的准备

在第二部分，我会跟你解释“真正的秘密”避静写作营里的各种大大小小的细节。我跟随片桐大忍禅师在禅修中心的练习，非常重视细节，亲身做每一件事情，用身体体会一切：鞠躬、静坐、清理坐垫、慢走、吟唱念经、用第一个碗喝汤、用中间的碗和筷子吃沙拉、第三个碗里装着腌黄瓜。用热水洗碗、把热水喝下去（一切都不可以浪费）、用餐巾纸把碗包起来放好。

“真正的秘密”避静写作营不那么正式，但还是有些基本的规矩，或许你可以将这些规矩转化，以协助你女儿做功课，或教你女儿如何谈恋爱。

无论如何，我在这个部分告诉你这些，希望你能够在你的人生练习中变得更好。

我年轻时，去了很多禅修营，我父亲问我：“纳塔莉，你什么时候才会升级啊？”

我微笑了，或是皱眉了，或许大笑了，他说得有理。

我去了一个又一个的禅修营，越来越完整。

但是请记得，当你学这个练习时，你不只是为了自己，也是为了比我们更大的世界：我们可以透过练习延展扩大自我，服务世界。

No.12

▼

仪式感的重要性

我年轻时，隔壁住的人家姓卡罗西拉斯（Carosellas）。父母和孩子都有天主教圣人的名字，德兰（Teresa）、方济（Frances）、若望（John）、文生（Vincent）和安娜（Anne）。每天晚上，他们打开橱柜的门，里面放的不是大浴巾、床单和小毛巾，而是玻璃做的蜡烛台和一瓶塑胶红玫瑰，以及挂着一串念珠的耶稣塑像，放在蕾丝垫子上。他们一起做晚祷。他们会用到“神圣”两字，“这是我们的神圣时刻”。一年四季，每天晚上，他们花二十分钟，在圣坛前进行神圣仪式。

在马贝儿的道奇·露罕之家，我们把教室变成禅修中心，用来做冥想练习。室内有黑色的椅垫，椅子沿着墙壁排好。我坐的位置后面是一个圆拱形壁炉，有几个架子，我们拿来当作圣坛。一层架子上放着我们想要纪念的故人名字，另一层架子上，则是我们视为缪斯的人的名字，我们为他而书写；还有另一层架子，为需要疗愈与特别关怀的人而设。

每周上课的时候，我在圣坛上放一张俳句大师正冈子规的照片。他肢体残障，必须把自己的身体拖到榻榻米边缘，看着花园，整天坐在那里，等着俳句出现在他的脑海里。对正冈子规而言，创作就是警醒的静止，他的觉知创造了俳句，也创造地球运行至当下时的可生动感，这往往非常微妙，你甚至不知道发生了什么。请看他写的这一首：

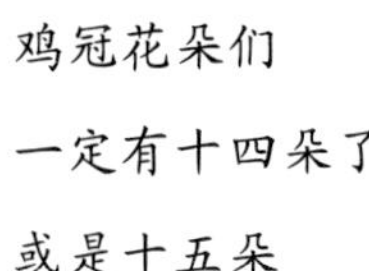

鸡冠花朵们
一定有十四朵了
或是十五朵

这首俳句的含义是什么呢？或许他无法接近，未能好好数一下鸡冠花的数量；或许表示他够在乎，以至于连鸡冠花有几朵都在乎？或者是接受脑子的不完美，十四或十五朵，他不确定。这种简单的专注改变了实相，以至于正冈子规被视为现代俳句的祖师爷。若非他“白描生活”的书写原则，观察身边实相，俳句或许早就消失了。他三十五岁就死于脊髓结核，但他对花园的关注使俳句活了过来。做得少，但有意义，也可以成就很大，我记住这一点，并要学生向正冈子规勇猛的心致敬。

很多年前，我邀请写《桦木果实》(*Seeds from a Birch Tree*)的克拉克·斯特兰德（Clark Strand）来班上演说时，他送了我这张照片。他为每一位学生写了一首俳句，我还记得其中一位学生，十分珍惜自己得到的那首俳句，她很会编排，前一个星期，她的儿子才刚刚入狱。斯特兰德为她写道：

墙壁消失了
时间变成了毛衣
送给了儿子

我也在圣坛上放了艾伦·金斯堡（Allen Ginsberg）的照片，黄色木质相框里，他穿着白衬衫，盘腿静坐，脸上漾着神秘的微笑。他是我们本周针对“原真、诚实”的灵感缪斯。一九七四年，他写了一篇文章，标题为《擦亮脑袋》(*Polishing the Mind*)，内容是将心智研究与诗做出联结。当我读到这篇文章时，我明白自己已找到了书写之路，我要记录并建构一种练习，别人可以依循这个方法书写，并经由书写觉醒。在我的心目中，艾伦·金斯堡是书写练习的祖师爷。

有时候，我会带我敬爱的祖母的照片去，她不是什么了不起的人物，但她在我心中有分量。我鼓励学生带重要的照片来，大概是因为圣坛上出现了太多狗狗的照片了，我告诉他们，书写是人写给人看的，但他们有他们的说法，我只好让步。羽毛、骨头、石头、八月的小小硬梨子和春末的李子也会出现。

很多年前，一个当老师的朋友朗·麦卡用废弃的木头做了一张小桌子送我。七十年代中期，我们一起在道斯镇的嬉皮士学校达那哈兹里（Da Nahazli）教书，那时还叫作黛特（Deirdre），后来成为藏传佛教名师的佩玛·丘卓（Pema Chodron）也在那儿教书。我用这张桌子纪念朗，也纪念那个时代。在家里，我用这张桌子当作圣坛的基座，上面放了一张照片，是我在圣塔菲住了六年的房东，露易丝·泰企特和珊蒂·菲尔曼，她们都已经过世了，其中露易丝是新墨西哥州第一位医学院毕业生，十七岁时也是全州的网球冠军。圣坛上还有一张我母亲过世前的照片、父亲正在研究我送他的画像时所拍的照片、一个被我漆成蓝色的木质犹太五角星星，这个星星曾经被放在我的禅师片桐大师即将火化的松木棺材上，也放了从明尼苏达州烟石镇（Pipesone）买的石质烟斗。还有一张照片，是释一行和片桐大忍，一起站在明尼苏达州禅修中心后一棵大榆树前，两个人看起来都小小的，有点迷失，好像两位亚洲难民在一个奇怪的国家。我在写《再活一次：用写作来调心》时，租了一间旧泥屋，在那里捡到了一颗很大的绿松石和一个小的银碗，里面有一颗珍珠，这是学生芭芭拉·摩根送我的，因为我在课堂上常常说："让你的脑子保持滑润，像一颗珍珠在银碗里滚动，书写时不要被卡住了。"

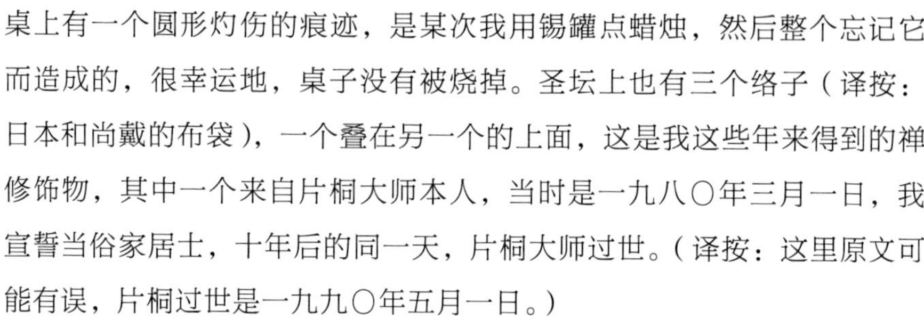

桌上有一个圆形灼伤的痕迹，是某次我用锡罐点蜡烛，然后整个忘记它而造成的，很幸运地，桌子没有被烧掉。圣坛上也有三个络子（译按：日本和尚戴的布袋），一个叠在另一个的上面，这是我这些年来得到的禅修饰物，其中一个来自片桐大师本人，当时是一九八〇年三月一日，我宣誓当俗家居士，十年后的同一天，片桐大师过世。（译按：这里原文可能有误，片桐过世是一九九〇年五月一日。）

老实说，长年以来，我都有个圣坛，但是不太理会它。我在家里走来走去，总会经过，就像渗透作用似的，不知不觉地，圣坛进入了我。为你的孩子、他们写的第一首诗、他们的乳牙做一个圣坛吧。我的朋友安·费尔摩研究密歇根州北部的美国原住民传统，她的家里到处都是圣坛，连马桶上都有，彩色羽毛、干燥花朵、彩色玉米和贝壳，我不知道这是否和她的研究有关，还是因为她就是这么一位狂野、有活力的女性，深深地爱着这个世界。

为亡者、丰收、冬季、出生、高中毕业、父母离婚、婚姻、爱马、初吻、树木、终战设立圣坛吧。你可以把整个家到处都放了赞颂、回忆、崇敬、接纳、原谅的物件。没有空间了吗？我们必须到门外的大自然里，大自然就是最伟大的圣坛。

No.13

一张只属于自己的“时间表”

有个修习的结构（Structure），让我们的学习生活、心智意识与书写有个秩序，非常重要。如果有整天的时间可以书写，我往往根本不写，或是一直到了下午四点才坐下开始写。我很少有一整天的时间书写，但如果看一下我的行事历，我是可以把书写时间也写进去的：周二早上五点到六点有时间书写，记下来，时间一到，就坐下书写，就像你不会为了行事历上看到某个时间要去看门诊而争辩，你去就是了。你甚至还可以记下你将在哪里书写——厨房桌上、后院、某家咖啡屋——于是你没有多少讨价还价的空间。开始吧！

结构的目标是学习将它内化，因此可以好好运用一整天的时间，而不需要僵硬地遵守计划，进而学习在活动和休息二者之间找到平衡。不断地做这做那，会让你感到疲惫，甚至不知道你要写些什么或说些什么。尽早学习一个结构，让它帮助你创造某种能力，甚至从中得到乐趣。这是你的人生，不要搞砸了，你无法重来一次。

我们想要对这个国家的贫穷、苦难、不公不义尽力，同时花时间和我们的亲友相处，那其他国家呢？整个地球的幸福呢？我要如何尽力协助？这一切很可能让人不知所措。然而，结构能带来一种清晰，能带出一些想法，让我们碰触到存有的基础，教我们如何往前，不致涣散。

全职或兼职工作都可以提供结构。不要抗拒你的工作，反之，好好

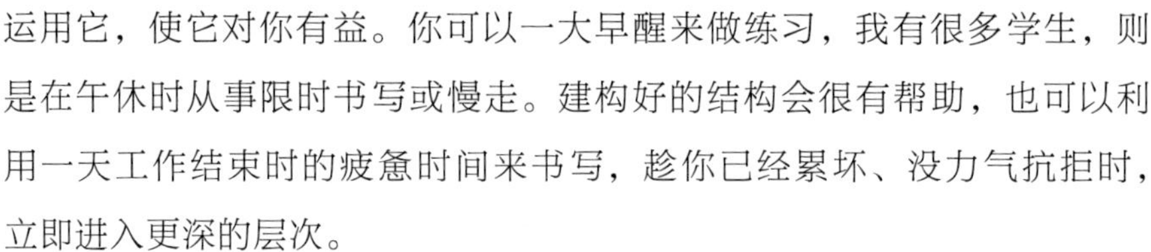

运用它，使它对你有益。你可以一大早醒来做练习，我有很多学生，则是在午休时从事限时书写或慢走。建构好的结构会很有帮助，也可以利用一天工作结束时的疲惫时间来书写，趁你已经累坏、没力气抗拒时，立即进入更深的层次。

“真正的秘密”避静写作营的时间表可以运用在十个人、两个人，甚至一个人身上，七十年代早期，我刚刚开始练习时，我会做每天的时刻表，然后自己一个人照表执行。（那时，我就只是静坐，没有书写。如果当时也包括纸笔，那该有多好。不过，还是很棒。）

请注意，时间表从早上开始安排，但不会太早，我发现一大早的时候，学生都很累，脑筋根本转不过来。不过，脑筋不清楚也可以是一件好事，你会打开自己，但是深沉的休息也能打开心智。

下午有自愿选修的阅读小组，这个阅读小组是书写练习的基石。有机会和一群人坐下来，练习朗读，但不作回应。你只能朗读你这星期写的文字，不可以是你过去五年一直在写，已经写好的三百页文稿。这个设计就是要听到你当下、赤裸、没有编排的声音，学习接受它、支持它，而不是像平常那样，到处寻求别人的夸赞或批评。我不觉得任何人能够真正自在地朗读，但这就是朗读的迷人之处，这个练习是生动的，当你感到赤裸裸，代表你没有在躲藏或遮掩什么。当没有出于礼貌、谨慎、把关，书写会成为你真正的生命。我做书写练习已经三十五年了，朗读的时候还是有着自己被曝露在众人面前的不自在，如果朗读不再为我带来一点不适，那我大概是已经死了。

通常，在志工报名表上登记了当天负责带领朗读小组朗读的人。领导人只需要掌握节奏，选择朗读者——每一位想要朗读的人都有机会朗读——然后停顿一下，再选下一位朗读。如果你迟到了，就在外面等，等到正在阅读的人结束了再进来。一旦进来了，就不要提前离开，可以只听别人朗读。通常，新学员需要一点时间建立勇气，如果学员一整个星期都不想朗读，没关系。即使是在课堂上，也没关系。

当然，我们会强调匿名，我们倾听，是为了研究心智意识，看它如何运作。我们的心智意识全都有相同的原则，只是细节不同而已，没有所谓的好或坏。我们倾听，不是为了听八卦，脑子越是接受别人朗读的内容，我们也就越能接受自己的声音，进一步地接受整个世界的声音。

就是在这些团体中，凝聚力产生了，你听到别人的痛苦和困境，产生了慈悲心。我带过的团体中，每一个团体里都有人曾经失去过孩子、被强暴过、被配偶背叛过、失去所有的财产、房子被一把火烧了、有酗酒的父母等，听到别人的苦难会鼓励你把自己的苦难也读出来。同侪情谊形成了，你不再孤单，第一个晚上，你可能以为某人拥有完美人生，或是认为整个团体过于中规中矩，都是中产阶级人士，举止太合宜了，但结果经过一个星期，你听到他们的书写，发现一切都不是这样。某次避静写作营结束止语之后，一位黑人女士把我拉到一边说："老天爷，白人真是受了不少苦。"她不可置信地直摇头。

"真正的秘密"避静写作营通常从周一晚上开始，周六的午餐后结束。虽然结构上已经有些改变，但仍然是根据禅修的古老基础而设计。禅修历史悠久不衰，值得信任。时间表可以修改，以适应一个周末或一天，甚至半天的避静写作。这个弹性让学生得以将此经验移植到自己的日常生活中。在这里，我写下完整的全程，让你在创造自己的时间表时，能够了解其中的基本结构。这会很有帮助。

"真正的秘密"避静写作营：静坐、慢走、书写

星期一

18：00 ~ 19：00 晚餐

19：15 在禅修中心开会

每日时间表

7：30 ~ 8：00 静坐（自由选择）

8：00 ~ 9：00 早餐

9：00 ~ 9：30 休息

9：30 ~ 12：00 静坐、慢走、书写

12：00 ~ 13：00 午餐

12：00 ~ 15：45 休息（睡午觉、慢走、静坐、个人书写皆可）

15：45 ~ 16：30 朗读小组（自由选择）

16：30 ~ 18：00 静坐、慢走、书写

18：00 ~ 19：00 晚餐

19：00 ~ 19：30 休息

19：30 ~ 21：00 静坐、慢走、书写

星期四

早餐 ~ 8：00 自由活动（有机会带着觉知去逛街、在咖啡馆书写等等）

17：00 ~ 18：00 朗读小组

20：00 ~ 21：00 回到禅修中心，静坐一小时

星期五

正常时间表

晚上放影片

星期六

7：30 ~ 8：00 静坐（自由选择）

8：00 ~ 9：00 早餐

9：15 ~ 11：00 静坐、慢走、书写

11：00 午餐

根据季节调整活动内容是我们的传统。如果是八月的避静写作营，星期五下午我们会去格兰德河安静地顺流漂下；如果是十二月的写作营，我有时会安排大家开车四十五分钟，去潘纳斯哥镇的糖果精灵咖啡屋，坐满整间咖啡屋，点了甜点，安静地书写一小时。这家店的老板是一位禅师，能够了解我们在做什么——她不会期待我们说话。这段路很美，一路开去的时候（我们大家挤一挤，只开几辆车），我们练习“就只是看”，有时山上还会下雪——加分。

星期四，学生甚至有机会去购物。我要求学生买东西之前都要先做三次深呼吸。如果他们决定进城去（走路就可以到），我要求他们全程保持安静。“不要浪费你逐步累积起来的能量。”

时间表的第二页有简单的注记：

提醒：

1. 星期二早上醒来，就开始止语。

2. 早上、下午和晚上的课程开始时，请务必准时。用右脚踏入或离开禅修中心。

3. 可以在圣坛上的碗里留字条、问问题。

4. 星期二早上带着牙买加·金凯德（Jamaica Kincaid），星期三下午带着吉米·圣地亚哥·巴卡（Jimmy Santiago Baca），星期四早上带着薇拉·凯瑟（Willa Cather），星期五早上带着宾牙凡卡·威拿纳（Binyavanga Ainaina）。事先标出你想朗读的部分。

5. 星期五晚餐前，圣日礼拜（译按：Shabbat，犹太人的礼拜日是从周五黄昏到周六黄昏，周五黄昏有一个仪式开始礼拜）之后，大约六点半，解除止语。星期六醒来之后恢复止语，直到上午十一点，结束禅修中心的课程。

6. 进入禅修中心时，请脱鞋。

7. 可以在住处做瑜伽。

守时代表尊重，用右脚踏出或离开禅修中心是觉知。你匆匆忙忙赶到禅修中心，是想要准时；现在你已经到了，停顿一下，用右脚踏入。

第四点指的是我们事前指定的读物。我要求学生阅读时，标出自己喜欢的部分，当我们聚在一起时，可以分享这些段落。我们在课堂上一起讨论这些书，一开始先指出这本书的结构，辨认作者如何建构他的故事。

第五点，圣日礼拜指的是很短的犹太仪式，点蜡烛、喝葡萄汁（写作营禁酒），分享一片犹太人吃的辫子形状的面包，迎进和平，放下这一周遇到的任何问题。用这个西方传统结束止语，是很甜美的经验。这是很久之前，我住在喇嘛基金会时，跟犹太教长查曼·查赫特（Rabbi Zalman Schachter）学的。我发现非犹太人也很喜欢圣日礼拜的仪式。我有犹太血统，但是童年时没有接受犹太教育。我要如何解决禅修和犹太宗教之间的差异呢？我不解决，我也是禅修者，也是犹太人，二者互补。我的整个人生因此更为丰富了，我的学生亦无须改变宗教信仰或传统习俗才能参与，他们还是自己，只是变得更有活力。“月亮映照在水面上，不会把自己弄湿了。水也不会因为月亮的倒影而破裂或受到困扰。”永平道元禅师如是说。

No.14

第一天日程清单

静坐时无须虔敬，要对内在、对外在、对自己、对周遭一切保持活力。冥想不是神圣或放空发呆，而是苏醒，不管是对世界上的苦难，或是对你的膝盖或感冒疼痛苏醒过来，都要去感受那感觉。当记忆升起，想想这个记忆从何而来？要往何处去？谁在思考？努力，不可以偷懒。

1. 第一天（静坐）

最近一次冬季“真正的秘密”避静写作营的第一天，下午休息时，我请学生到户外静坐五分钟，然后慢走十五分钟，接着双臂下垂，静静站着一分钟。当时是十二月中旬，户外只有十九度，我要求他们在下午正式上课之前静坐半小时，先做这些练习，不是去体验天气有多冷，而是要让整个房间在静坐之前先活起来。一个学生面对齐德卡森公园的公墓坐着，她带着闹钟，因为她害怕自己的脸会冻僵，或是她会赖皮逃跑。即使酷寒，我还是可以感觉到第一天的这个下午有某种沉闷的顺从，是的，静坐，是的，慢走，但是学生像行尸走肉似的，很多人前一晚才抵达，还有时差，或被干燥的严寒、广阔的天空震慑住了。这个简单的分享将提醒他们自己的存在，重新活化他们的能量。当铃声三次响起，开始半小时的静坐时，我们会更警醒、更安稳、更活在当下，无论肩膀是否疼痛、我们是否还在想着最近过世的父亲，或是觉得呼吸像野马般的山水永远不会被驯服。

2. 鞠躬

第一天，时间表还显得陌生新鲜，鞠躬显得很尴尬。“静坐和慢走之后，我们把双手放在身前，鞠躬。你不一定要这么做，尤其如果违反了你的宗教信仰的话。”（我开了一个小小的玩笑，没有人笑，大家这时还很紧张、陌生。）

鞠躬是安静正式地招呼我们自己以及房间中其他静坐的人。

“如果感觉不对劲，请不要做。”

3. 任务表

同一个晚上，学生登记自己想做的服务：

点蜡烛

熄灭蜡烛

装水

帮禅修中心扫地

扫走廊

领导静默的朗读小组

为七点半静坐摇铃

当宣告者

宣告者是新增的职务，每堂课结束时，宣告者就会说：“提醒各位，为自己也为别人，请保持静默。”大家都听进去了，似乎很管用。

我跟学生说：“无论地板看起来是否很干净，即使你觉得不需要扫，如果时间到了，该扫就要扫。忘掉那不断批判的脑子。”我停顿一下：“如果我们不断评估，就写不出一个字，把脑子扫干净，闭上嘴，就去做。这是一件愉快的事情。”

在物质世界深耕自己是很愉快的事情。以前，我在学禅的时候，总是很快乐地报名洗刷厕所，我像疯了一样用刷子刷洗。最近参加了十日禅，我也被指定负责清洁厕所，我用海绵擦洗手台，用喷剂消毒门把手，换卫生纸卷，我失去了时间感，忧虑的我根本就不存在了，只剩光亮的白色瓷脸盆、有质感的拖把手把、地上方形的瓷砖。

“真正的秘密”避静写作营没有厕所清洁任务，真的是我学生的损失。

4. 三餐

俗谚说：“我们就是我们吃的食物”，但这句话却无法表达我们也是我们进食的“方式”。我认识一位佛教法师，他在东南亚一个小小的寺院待了很长时间。他们每天只吃一餐，故你可以想象，吃饭时他有多饿。他的老师告诉他，前三口饭要咀嚼五十次，你可以想象他面对的问题：饥饿如何对抗觉知的专注力？如何调节你最原始的驱动力？每个学生每天都和老师有一次谈话，老师的第一个问题就是：咀嚼了几下？

或许我应该对“真正的秘密”的学生这样要求，但我并不如此要求。我们在餐厅的窗沿上放着简单的进食祈祷文，学生可以去拿一张，也可以不拿。学生拿到座位上，用餐之前要静静阅读，这个练习提醒他们停下来，感恩，记得眼前的食物有多么深远广阔。

简单的进食祈祷

（1）我们记得

我们有食物可吃，有些人却没有

我们有彼此，有人却孤独一人

（2）供养

所有的恶魔与饥渴的鬼魂啊

你们的欲望永不餍足

与我们分享

和平相处吧

（3）从神秘的源头而来

我们和维持我们生命的物质在这里
觉醒、进食、拥抱、睡眠
我们走在空旷的天空中
（4）我们感恩有这些食物——
经由许多人的努力而来
和其他生命一起分享

习惯上，食物供养是在午餐时进行。我告诉学生把一小片莴苣、一颗鸡豆、一颗扁豆放在盘子边上，吃完午餐后，把这些供养的食物放在树下或花园里。“请不要供养香煎起司三明治、咸派、整颗的腌黄瓜、菠菜派、饼干”，我开他们玩笑。我们的内心都有饥渴的鬼魂和恶魔，用这个简单的动作包容他们，希望能够平息他们的痛苦。

第一段和第三段来自乔安·萨德兰德写的《开放资源佛经》（*Open Source Sutra Book*）。我们之中，许多人曾经觉得被排斥，或孤单寂寞，或只身一人，在这里，这一点被包含在内了，被尊崇了。第三段很有诗意，吃饭的时候当然要有诗。“我们走在空旷的天空中”和“神秘的源头”拥抱，而不是单单坚持一个意象，好像我们知道并确定这一切来自何方似的。在练习中，或是当试图逃避、溜出门口的时候，我们每个人都会遇到自己的源头。

食物和用餐是个很微妙的平衡。如何享受进餐，却不执着；如何吃得够多，却不会太撑；如何维持养分，然后放手。

没有特定有效的处方，在这个广阔的区域里，你必须寻找自己的道路。

5. 会谈

写作营的第二个下午，我会贴出公告让大家登记会谈时间，每次四个学生，晚上和我会面二十分钟。我们先静坐几分钟，让自己安静下来，然后每一位学生说说这一周的状况，看看是否有问题要提出来。二十分钟听起来不多，但是直接谈论问题，不多加寒暄。

指定的学生带领四人一组的学生慢走，从禅修中心走到会谈的小木屋，大约有一条街的距离。如果我还没结束上一组会谈，下一组就在外面绕着木屋慢走等待。

同时，除了在等待会谈，或正在木屋中与我会谈的人外，其他人都在禅修中心里做练习。

我会摇一个多年前在内布拉斯加买的牛铃，让新的一组学生进来。

小组会谈比一对一会谈好，因为可以打破师生阶级，气氛也比较轻松，最重要的是学生有机会听到彼此的心声，从彼此身上学习。小组会谈缓和了以老师为中心的结构，老实说，这样对每个人而言都比较容易。

No.15

书写并了解你的梦

马贝儿·道奇（Mabel Dodge）继承了家产，在纽约市有个艺术家沙龙。一九一七年，她来了道斯镇（Taos），去了道斯山脚下的普埃布罗村（Taos Pueblo），遇到的第一位男人走过来跟她说："我认识你。"她看着他，发现自己还在东岸的时候梦到过他。这人就是东尼·露罕（Tony Lujan），后来成为她的丈夫。他是第一位和异族通婚的普埃布罗人，她成为马贝儿·道奇·露罕。她把露罕拼成Luhan，以免大家总是念错。他们在普埃布罗村的边缘一起建立了马贝儿·道奇·露罕之家（Mabel Dodge Luhan House）。画家乔治亚·欧姬芙（Georgia O'Keeffe）、摄影家安塞尔·亚当斯（Ansel Adams）、摄影家保罗·史川德（Paul Strand）、保罗的画家妻子瑞贝卡·史川德（Rebecca Strand）、作家薇拉·凯瑟（Willa Cather）、心理学大师卡尔·荣格（Carl Jung）、诗人兼作家琴·图莫（Jean Toomer）、画家约翰·马林（John Marin）、画家马斯登·哈特利（Marsden Hartley）、诗人罗宾逊·杰佛斯（Robinson Jeffers）、作家法兰克·华特斯（Frank Waters）、作家玛丽·奥斯汀（Mary Austin）以及其他人都曾经在这个屋子里做客。马贝儿希望这些人能够体验美洲原住民的生活，她觉得美国简直是要完蛋了，希望这些艺术家可以跟社会沟通，呈现另一种生活方式。屋顶浴室的窗户是劳伦斯（D.H.Lawrence）画的，因为原本没有窗帘，可是他想要有一点隐私，他一向以性为书写主题，竟然如此拘谨。圣克里斯托巴尔（San Cristobal）离道斯镇二十七公里，马贝儿在那边有一座农庄，她用这座农庄换了劳伦斯《儿子与情人》（*Sons and Lovers*）的手稿，劳伦斯的骨灰就葬在这个农庄上，农庄现在由新墨西哥大学管理。

马贝儿的梦超越时空，遇到了东尼，随后创造出一整个新的环境，将近一百年后，我们用来做避静写作。

1. 梦

写作营里，我们不但可能做到马贝儿的这种浪漫梦，也可能每天晚上面对许多困难的、丑陋的、富含讯息的梦，我也是这样。到了第二天或第三天早上，我会问学生："昨天晚上，有谁做了紊乱的梦？"我自己会举手，大约三分之二或一半的学生也会举手。别人举手是一种安慰，那代表我不孤单，只是迷失在我自己的疯狂世界里（你可能确实迷失了，但是至少你不是唯一的一个）。

为什么在避静写作营里，我们会做这种梦呢？

在静默中，静坐、慢走和书写时的专注引起了潜意识的注意，告诉它：她在倾听。于是，天地里我们本性的狂野心智所丢出来的各种残破、呐喊的性情，有机会被听见。所以，倾听吧。这是个机会，放掉把时间、空间和存有给局限住了的观念。爬上冰墙，发现一个男人站在上面，手臂上插着针，头上有一袋绿色玫瑰。这个梦境的含义是什么？我不知道。你可能永远无法完全理解其中的象征意义，但是这个景象在呼唤你，要求你容纳它。

至少，把梦境写下来，当你写下的时候，看看有何联结冒出来。如果有东西冒出来，跟随它们，探索它们，然后放手。放手不是赶走它们，也不是把它们丢进垃圾桶，而是让它们退到背后，成为你一路的支持。

我才刚刚参加了十日禅，我是学员，不是老师。我很惊讶地发现，我的静坐十分平顺，没有多少困扰，没有我执；如果有诱惑出现，都无法抓住我——哦，我注意到了，又是你。于是思绪就消失了、幻化了。但是，夜晚来临，我很不想去睡觉，到了早上，发现床单都揉皱了。半夜里，我醒来，躺了几个小时看着天花板。我做了一个砍头的噩梦，另一个噩梦是我同一周错失了三次期限，把我的人生整个搞砸了，还有一个噩梦是在我的生日前一天，没有任何人祝我生日快乐。

前三天，我试着忽视发生的事，我非常享受白天的宁静。但是，我终究得面对夜晚。如何面对呢？我必须包容夜晚，于是当我醒来，我抓起笔记本，把梦写出来。这个禅修会不鼓励书写，大部分的避静禅修会都是这样，认为书写是在逃避，是沉溺在创作中，因此他们要求大家把这一切都带到静坐和慢走中，在那里面对这一切，然后放手。我是个乖宝宝，即使我自己带禅修会时会包含书写，而且我相信书写，但是我在做正式练习时，会试着遵守其他老师的要求。这次禅修会，我打破了他们的结构，回到了自主的位置，我知道需要为自己做什么。我静静地做，不跟别人说，不破坏基本结构，但是书写协助我将身心安顿在更深的完整性里，包括了恶魔、夜晚的电子动物。之后，当我静坐时，我可以感觉到更完整的存在感和友善的感觉。黑暗森林里的伙伴们，这一整团令人无法接受的家伙，都跟我一起静坐了。我还能要求什么呢？它开启了我心智意识的界限，没有了限制。

2. 躺下

知道如何躺着冥想真是一件好事情，有时候，我们遇到生病、背痛等很多偶发状况时，如果我们可以躺着冥想，就还是有机会做练习。对大部分人来说，除非是死于非命，不然我们离开人世时，就会是躺着的，我很希望我们可以一直练习到人生终点，你会在吸气还是呼气的时候过世呢？听说会是呼气的时候，还伴随微颤的声响。这会是你的经验吗？请留意并让我们知道。

在“真正的秘密”避静写作营里，我们在禅修中心后面放了足够多的垫子，静坐课程中，大约三四位学生可以同时躺下。通常，老师会担心，如果让学生躺下，你会失去他们——他们会睡着，还打鼾。但是，我们提供垫子让学生躺下已经十二年了，从来都没有睡着打呼，学生们选择躺下都有他们明智的理由，有的是出于好奇，有的是觉得很疲惫，需要打破原有结构。学习如何在疲惫中做练习，不是很好吗？社会上有很多人都很疲惫，太逼自己，担忧、期待又恼火，怎么做，能让我们随时都可以躺下，与它们共处，体察自己的呼吸呢？或许你确实会打一下盹，但你会觉得活力重新焕发，当“躺下”成为练习的结构之一，而不会成为睡衣派对或过夜派对时，它会成为探索紧张、疲惫、临终姿势的一种形式，而不是对懒散投降。

No.16

不要让“静默”变成束缚

如果你认为静默很难，你会发现，当避静写作营结束时，打破静默将更为困难。在活动进行期间，我们也需要打破静默：有时我们需要打电话回家，看看孩子们是否安好，或问候生病、临终的父母，但可以的话，保持简要。身在写作营和日常生活极为不同，所以当你打那个电话时，你切入了那个忙碌的生活，那股氛围会经由空气波动传染给你。

彼此之间，尽量保持静默，或是将沟通减至最少，用耳语或纸条传达。以真正的用心，努力沉浸在静默中，但不要当那个第三者。

我年轻时就花了很多时间批判别人，看到别人传纸条或耳语就责备别人打破了静默，结果是心里气得要命。放手，专注在你自己的平和上，没有人能够打扰你。

写作营将近尾声时，回到说话的状态可能是一项挑战。这让我想到了爱与慈悲的经书或是祈祷里的一句话，“愿我拥有轻缓舒适的安康”，指的就是转换的时刻，轻缓舒适，从一个时刻到下一个时刻，时时与自己联结，无论顺逆起伏，无论有任何改变，都不被无常动摇。我们不可能永远待在工作室画画或书写，甚至不可能一直工作；我们不可能一天二十四小时都在工作，我们必须停下来，搭公车回家，迎接家人、配偶、孩子，或是空空的公寓。

我们一旦进入止语写作营，不可能一直待在那里。日子很快就过去了，不知不觉就到了最后一天，我们又必须面对另一次改变。虽然一路上都有很多改变，譬如从静坐到慢走，再到书写，然后到餐厅吃午饭，上床睡觉，醒来，以及情绪、思绪和感觉的改变等，但现在，面对的是从静默到说话，即使没有交谈过，但我们却已经很了解彼此。当我们保持静默，一起练习时，其实开启的是另一种层次的沟通，而且书写、朗读让我们深刻地感觉了彼此。

我和日本老师的禅修会结束时，没有讨论，没有滥情，我们无声地静坐着，最后一次静坐结束时，铃声响起，我们鞠躬。老师不发一语地走出禅修中心，爬上楼梯，到他的公寓去。学生走下楼梯，去地下室，穿上鞋子和外套，走出建筑，走到街上。

一开始，我完全不知道如何控制一周以来在我体内累积的能量，结束时我简直是疯了。我一直说话，对丈夫说，对朋友说，下巴简直失控。我有个新的、美好的东西——说话。如果是夏天，我会三更半夜在空旷的中西部街道上骑脚踏车，冬天则是穿上雪靴，走到哈根达斯冰淇淋店，坐在窗边，点一客咖啡冰淇淋，上面淋了热巧克力酱，一口一口地吃。我看着窗外冰冻或下雨的街道，真是太美了，大家都不停下脚步欣赏一下吗？

片桐大师因为癌症去世之前，我从他那边得到的最后一次直接教导，是我们从艾奥瓦州（Iowa）新阿尔宾（New Albin）附近的宝镜寺（Hokyoji）开车回明尼亚波利市（Minneapolis）的三小时。他坐在前座的乘客位置，我坐在司机身后的后座。那时，我们刚刚结束一场辛苦的禅七，每天早上五点起床，晚上十点在睡袋里入睡。九月底的山谷，弥漫着早到的冷霜，禅修中心是一个大的帆布帐篷。我们年轻的身体里累积了大量的能量。当禅七结束，止语解除，我们就沿着密西西比河开车往北走。每隔一阵子，车里某个人会说些话，大部分时候，我都安静地看着窗外。

片桐老师转头看坐在后座的我，“很好。”他说，“很好。”

我从不和这位日本老师有很多讨论，但是仍然传递着彼此的理解。

我立即知道他在说什么，我的转变很平顺、很安稳，没有像刚被放出猪圈的野猪那样疯狂，当最后的铃声响起，有了改变，而我驾驭了这个改变。

“真正的秘密”避静写作营即将结束的最后一晚，圣日仪式之后、晚餐之前，我们结束止语，学生们似乎有说不完的话。餐厅有个小型圆桌被指定为静默桌，如果有学生觉得受不了，可以到这一桌就座。没有人去那一桌，也或许有人想去却无法抽身，说话是如此令人难以抗拒，餐厅充满喧哗。

过去五年，晚餐后，我们会回到禅修中心看一段影片，这和我的亚洲老师教导我的那个年代多不一样啊！影片的选择很多，包括：《恍然大悟》(*Enlightenment Guaranteed*)、《强烈恩典》(*Fierce Grace*)、《我是你的男人》(*I' m Your Man*)、《山村犹有读书声》(*Etre et Avoir*)、《满脑子巴布狄伦》(*Tangled Up in Bob*)、《女人香》(*Scent of a Woman*)、《城市岛屿》(*City Island*)、《情人》(*The Lover*)、《更好的世界》(*In a Better World*)、《沉静的美国人》(*The Quiet American*)、《黑色的星期天》(*Gloomy Sunday*)，等等。这些电影很有建设性，也很有吸引力，能够让大家安静下来，不再冲动得一直说话，可以填满内在那个新生出来的空间——这个既令人振奋也让人害怕的空间。看电影很有用，但还是不够。

上个六月，最后一顿晚餐时，压力逐渐升高。坐在我左边的学生是一个我很喜欢的旧学生，她说话之多，好像整个海洋从她口中涌出似的，我必须极力控制自己，才不至于吃饭吃到一半，跳起身大叫：“闭嘴！”

我感到绝望，于是我站起身，以这个姿势吃完晚餐，只为了跟这位学生之间拉开一些距离。

“纳塔莉，你为什么站着吃饭？”她问，弯着脖子，抬起头，终于暂停她说不完的话。

“哦，我背痛。”我撒了谎。

够了，我想。我必须做些什么。

下一次写作营，我在禅修中心结束止语之前做了这件事情：三人一组，当我摇铃的时候一个人说三分钟的话。轮到你说话的时候，你必须停顿四次，放松身体，另外两个人不说话，练习倾听。我给每一轮一个主题。

好的，第一轮：说说这一周你最难忘的事情。

我在各组之间走来走去，一面听着。

第二轮：这一周，你学到的关于书写的事情。

我提醒他们要停顿、呼吸。

第三轮：从这周的体验中，你对静坐有何了解。

任何相关主题都可以。关于进食、睡觉、呼吸、倾听、慢走、欲望，这一周你学习到了什么？

我提醒他们：当我们在餐厅打破止语后，我们要对话。一个人说，另一个人听，双方都停顿，然后换边说话。不要抛弃你这一周学习到的一切，不可以一个人独白。

一个学生恳求我：“回家以后，要如何跟家人描述这个经验呢？”

我的回答是：你不用描述，保持安静，练习你学到的一切。回家去，问问妻子她这一周过得如何，然后倾听。记得，书写有百分之九十是关于倾听，如果你善于倾听，就会让她品尝到你在这边学了什么，她会心想：嗯，他确实学到了一些东西。

另一个学生说：“我是行政主管，我要如何把这一切带回去呢？那么多人催着我，要这个要那个，批评来批评去的，要求非常之多。”

我转向他：记得我们刚刚练习的停顿，那些停顿让你得以回到自己，呼吸，感觉自己身体的存在。

我下定决心，让最后一次的晚餐有所不同。于是我有了另一个主意：我指定一位助手，每隔十分钟就用餐刀敲一下玻璃杯——叮——即使话只说到一半，我们都必须静默下来，做三次呼吸。

打破止语之后，头十分钟的嘈杂喧哗被打断了。叮！忽然降临的短暂静默十分惊人，我可以在许多人的脸上看到震惊的表情：我们在哪里？我们忙着说个不停，这一整个星期都丢到脑后了。怎么会这样？第一次停顿之后，大家说话的方式安稳多了。我对自己小声说：很好，很好。

No.17

必须不断学习的七种心态

觉知表示觉醒、清醒。当我们身体移动时，我们是活生生的、专注的、接收的，不是易碎的、盲目的、没有交集的、失去联结的、有压力的、紧张的、兴奋的，或至少能够觉察到自己的这些状况，甚至对自己的状况怀着慈悲。以下七个态度提醒我们活在这个世界上的另一种方法，这是一种解放，让我们脱离苦难。

1. 不批判（Non-Judging）

2. 耐性（Patience）

3. 初心（Beginner’s mind）

4. 信任（Trust）

5. 无为（Nonstriving）

6. 接受（Accepting）

7. 放手（Letting go）

这七种属性都是对书写、静坐和慢走有利的心态，也是面对下属、上司、朋友、爱人、敌人的心态。这是你的姿态，但我们很容易就把它们忘了。把这个单子贴在冰箱门上。

第三部分

写作中不可忽视的细节

解脱的长袍

远远超越形体与虚空的地方

穿着书写练习的处衣

拯救众生

——稍作修改的禅诗

No.18

那些落笔之前你要知道的事

我要的就是：不要阻挡自己，把你的意志和想法放掉，让更大的东西进来。

但是，他们会抗议，如果我想写一本小说呢？

放手是最好的办法。

尤其是一开始的时候，请将小说也放掉吧，至少两年只做书写练习，找出你真正的痴迷。写小说得花很大的力气、很长的时间，如果你能控制写小说的能量，就有机会将限制人生的痴迷转化为扩展人生的热情。

不要用理性的想法来写小说，例如，我要写第二次世界大战时一对恋人的故事。你会在空白纸张上写下第一个字，开始写第一句，然后跟自己说，我不想用这个字开始这部小说。你删掉这个字，一小时后，你已经删掉了十二个字，根本不知道从何开始。

反之，从你那些奇奇怪怪的痴迷着手——威士忌、购物、美国内战、北达科他州、德国汽车、猫咪、老房子或谷片，看看会发生什么事。

但是，纳塔莉，好女孩应该这样写书的吗？我甚至听到我祖母的声音这么问，你根本没有书写的渴望。

祖母，我不知道其他的书写方法，我必须用任何方式流汗、死去、去爱、游泳、赶火车，我知道，这不是一个正在找丈夫的犹太好女孩应该做的事。原谅我吧，我可能永远不会结婚。

例如，有个学生说，她只是要写十页关于她父亲的文字。她不能坐下来开始写吗？

或许可以，或许不行。要试试看。

书写是发现之旅。如果你想要生动的文字，试试看这样做：用一周的时间，用十篇十分钟限时书写去描述你的父亲，越疯狂越好。如果你的脑子冒出洋葱、卡车、海洋、吸管、黑色鞋子，不要抗拒，跟着思绪走，看看它们会把你带到何处去，因为看起来不合逻辑的文字常常能把你带到更深、更肥沃的土壤。还有，不要怕重复写同样的东西。

一周之后，重读这十篇文字。时间会冷却热血，你将把你所写的文字看得更清楚。当你和那些文字不再那么紧密时，才发现那个当下所写的文字发着光芒，非常显眼。把这些文字抓出来，看看手上有些什么。不发光的文字呢？那就放掉，我们的文字没那么珍贵。都不发光吗？那么下周再试一次。

发光的文字不够？

好了啦。你知道你该做什么：拿起笔，继续写。你必须实际地写，而不是想着自己要写，光有想法不够，你必须采取行动。

同时，我们的人生自有其轨道。无论你如何努力地组织每一天，人生就是有它自己的布局，有一个更大或不同的结构透过我们在运作着。我所说的，可不是什么神圣力量哩！我们遇到塞车、下雨、雨刷坏了、儿子的老师要跟我们谈话、门外有一朵玫瑰绽放了、超市的鲔鱼忽然在减价了、头痛、我们打开后门忽然忆起过世的哥哥、别人的需要、意外的电话、猫咪生病了，这些算是幸运的干扰。有些人则是遇到炸弹、地震、乳房肿瘤，或发现长达四十年的婚姻即将完蛋，因为某个早晨，你的配偶身上有香水味，却不是你用的香水。这些都是每天可能发生的混乱。

同时，你可以回顾过去的五年、十年，看到某种秩序或某种因果关系，不论是你不再和某位老朋友来往，或是国家发生借贷风暴，都是其来有自，而非无端发生。

这就是很难拿捏的平衡了。我们需要下定决心，运用意志，真的拿起笔（或键盘）来书写，但我们也需要同时知道，我们渺小的意志能做的其实很少。书写的时候，让白云和太阳承载我们，心里怀着肩膀酸痛、昨晚没睡好、还没付的账单、儿子吹口哨的回忆……不要排除任何事情，这样一来，从最一开始，我们就是从一个更大的地方出发，我们可以让这些事情喂养我们的书写。与其光是想写一部伟大小说，然后一改再改，不如让你当下的人生支持你，告诉你该写些什么，不要抗拒心中的障碍。

两周前，我教了一个书写和瑜伽的工作坊，我长久以来的瑜伽老师苏珊·吴尔希斯陪我去的，我给学生布置了简单的十分钟作业——你想写些什么？我自己也写了慵懒放松（或许是因为做了瑜伽）的书写作业。

我没有什么特别想写的主题，但是有一件事情确实对我很重要。那些年，还没有人认识我，我开着小金龟车穿越内布拉斯加，放下一切出走。我去了圣保罗（St. Paul）一年半，当时刚好《雷与电：书写艺术解密》（*Thunder and Lightning*）出版了，我去帮了些忙。我住在格兰大道的一间小公寓里，离李维昼廊只有一条街。或许，那一年半正是我试着告诉他们关于书写练习的范例：一开始，你有个想法，觉得自己要去某个地方，但当你一旦开始，却完全不是那么回事。我去圣保罗是为了研究《宁静之书》（*The Book of serenity*）、帮人带领一个练习课程、缝长袍、加入我日本导师的体系。结果我坐在一个饼干很棒的咖啡馆里喝茶，开始写《伟大的失败》（*The Great Failure*），内容是我如何发现我的伟大禅师和他的学生发生性关系。我告诉学生，书写自有其轨道，就让书写自己发生吧，而我也看到了，人生也自有其轨道，常常你去做某件事情，却发生了别的事情。十一年后回想起来，我那样过日子显得完全合理，我写作的时候，就活在美国禅学的黑暗底层，当时我并不知道我到圣保罗正是要面对这个。深夜，春天的黄色暴风雨扰我清梦，在无须负责敲五点报时铃声的日子里，我睡到很晚才起床。

我们决定要做某件事情，最后却常常做了别的事情。

我们如何到了这里，或其他地方呢？许久之前，我们种下了一颗种子，或在波士顿的书店读了一本书，或一位朋友过世了，然后你忽然发现自己置身以前从没来过的新墨西哥，这里超干燥，而你在写着心底一直真正想写的东西。你跟随着人生的脚步，最后，道路会自动浮现。

如果你和书写保持关系（而不是六年都没写任何东西），和书写的朋友建立联结、阅读、深刻倾听，最终总会写出你想写的东西，但是大概不会是你之前想象的样子。

做瑜伽的那周，我问学生好几次，你怎么到了这里？一个好的书写主题会有许多层次。我坐飞机，然后租了车子，沿着里约格兰德河的峡谷开过来。你怎么到了这里？我母亲在琼斯海滩穿着黑色泳衣。她二十三岁，肤色很深，非常漂亮。她的头发染成蓝黑色，绑成马尾巴。我父亲是救生员。你怎么到了这里？我祖母想要书写，我也想要书写，我们两个都迷失了。

我们如何书写？对我而言，那几乎是个我远远闻到的气息，在我右边，地平线外的另一个地方，或在雾中，尾随在飞快穿越堪萨斯州（Kansas）的火车后面的一个声音。那辆火车运送着我心头未解之事，我必须用我的笔杆追上它，拿回来，理解它们。

书写像是魔法，非比寻常，但是我们必须拿起笔，跑在铁轨上，抓住那个火车头。决心和行动，以及彻底地放下，会让我们回到那部小说，或关于父亲的那个故事。

如何写好“你爱的故事”

好，事情正做到一半呢，不要想，抓起笔和纸（或键盘）：去，一整个小时，说你的“爱的故事”。

某次避静写作营的第四天，我这样要求学生，学生已经习惯了课表和止语的节奏，而我现在却要打破它。写一整个小时？他们的表情好像才从水里冒出头来，眼睛睁得老大，下巴掉下来，然后抓起笔，整个房间发出沙沙的声音。

当他们写完了，有几个人朗读自己的作品：一个人写她的三个丈夫，第二个丈夫胖达一百五十公斤；另一个人写她试图分手的弗吉尼亚州爱人，他喜欢打猎，甚至会使用弓箭，可是他好性感哦；另一个人写蒙大拿州的土地，已经干旱了三年，却在夏季淹大水，她描写她的丈夫因为全球暖化如此严重失控，离开大学的科学研究工作，现在，他帮人修车子，至少感觉有所建树；来自得州的一个男士写他的新女友，她有两个儿子，他还没见过他们，他记得她的牛仔裤后面口袋插着一支牙刷；还有一个人写她对风的爱，写了十七段。

那个晚上，我问他们，你们听了这些文章，会觉得什么事情很有趣呢？

我常常提出类似的问题。这从某个角度看实在很疯狂，他们怎么知道我在想些什么呢？但如果你要研究某位作家的文字，你其实就是在研究他的脑袋。不是他们早餐喜欢吃什么，也不是他们跟谁结了婚，而是他们思考的方式，他们在书写中寻找些什么？他们会对什么特别有兴趣、特别注意？了解另一位作家的脑袋在想什么，可以协助塑形和磨炼你自己的作家脑袋。这是我们学习和传承书写的方法。

大家非常安静，脑子转呀转的。

一个新同学说："噢，好啦，就跟我们说嘛！"

"不，如果你们自己想到答案，接受的效果会比较好。你的努力会让你保持饥渴，在你的脑子里创造空间来倾听。"

我再度面对大家："没有人吗？"

某人尝试回答，结果差得远了。但尝试总是好事，让你暖身。

最后，我说："我觉得有趣的是你们通通都一直写，一整个小时。如果主题是关于在新西兰长大，有着极为虔诚的父母和几近完美的童年，你们也会全力以赴地写出完整的故事。这次的书写不像平常那些书写练习，此刻，脑子没有一直跳来跳去不断改变主题。这样的书写练习让你可以控制心智的力量，全力在一条路上奔驰，不然通常过了一小时，你脑子的思绪早就四处乱跳了。你们都看见了吗？"

他们点头。

"这次练习告诉我，你们已经安顿下来了。我对你们脑袋的结构感兴趣，而不是对这些故事本身感兴趣，虽然这些故事很好听。所以，让我们更进一步。你要如何延伸这个作业？告诉我一个关于什么的故事呢？自己去延伸范围吧。"

他们立刻有反应：

关于性的故事

喜悦

咖啡

失望

甜点

沙漠

惹很多麻烦

离开

种番茄

这张单子上，哪两个主题和别的不同？

咖啡和种番茄。比较明确，指点了方向，觉察到差别，很好。

没有人提到关于寂寞的故事，我在此加上。

书写是社会活动。“再来啊，给我更多主题。”我一面写下，一面说。

关于哀伤的故事

羞耻

觉得安全——有人开玩笑说，这个主题只写了三分钟。

试试其中的一个主题，或是全都试试。

然后我抬头，手上拿着笔：“很好。我的书的第二章。”我咧嘴微笑。

新学生不知道我在开他们玩笑。她说：“我也要偷你的点子写我的书。”

“希望你这样做。反正大家都已经在这样做了。”

铃声响起。那个晚上剩下的时间，我们恢复止语。

No.20

比如“亲吻”这件小事

你想过“亲吻”吗？我敢打赌你一定想过，而且付诸行动。但如果你仔细想想，会发觉亲吻是多么奇怪的行为。如果你去卢浮宫，亲吻蒙娜丽莎的脸，会怎么样？我们在做什么啊？我们用嘴唇和舌头做这件事，混合口水，碰到牙齿，贴着别人的脸和鼻子。第二次世界大战结束时，一位水手在时代广场抓住一位穿着护士制服的陌生女人，弯下她的腰，吻了她。我们疯了吗？鸭子看了会作何感想？蛤蜊呢？树呢？

作家很爱描写初吻。你呢？你能够写出什么别人还没写过的？有些什么可能性？

让我们看看威廉·肯尼迪（William Kennedy）写的《紫菀草》（*Ironweed*）。我从图书馆借了平装本（我以前自己有一本的），在第一五五页：

> ……他觉得亲吻就像某种生活模式的表达，微笑也是，有疤的手也是。亲吻可能从下往上，也可能从上往下，有时来自脑子，有时来自内心，有时只是来自胯下。过了一阵子感觉才会消失的那种亲吻，只能出自内心，且会留下甜蜜的味道；从脑子来的亲吻通常是透过别人的嘴解决问题，根本不会留下印象。如果能够结合从胯下和从脑子

而来的亲吻，加上一点点从内心而来的感觉，像卡崔娜的那种吻，可以让你一生的感情大转弯。

一开始的时候，肯尼迪写得有些哲学性。他先将亲吻分类，检视脉络，在跳进重点之前，先稳住阵脚。到底有多少种亲吻呢？多么美好啊！我们一面读，一面猛点头。

然后肯尼迪设定了他写作的主角，让他在纽约奥巴尼（Albany）的木材堆上初吻。在以下的第二段文字里，肯尼迪打破了一般的文法和节奏，正如亲吻。没有句点，就是一长段不换气的句子。毫无保留。

请出声朗读：

然后你在基比家的木材堆上有了这样的吻，从脑子、内心和胯下冒出来的吻，从放在你头发上的手冒出来，从尚未完全长大的乳房冒出来，从他的手臂紧紧抓着你的感觉冒出来，从时间本身冒出来，时间会记录你能够维持多久而毫不觉得无聊。多年后，除了海伦之外，你亲吻任何人都会感到无聊。从抚摸你的脸和脖子的手指（卡崔娜有那种手指）冒出来，从你抓住她肩膀的力道冒出来，尤其是抓住她背中间像天使翅膀一般的骨头，从眨个不停的眼睛里冒出来，眨眼是为了确定这一切还在进行中，而不是你幻想出来的事情。当你知道这一切是真的，就可以放心闭上眼了。从舌头冒出来，老天爷啊，那个舌头，你得问她是从哪里学来的，从来没有人能做得那么好，除了已经结婚又有孩子的卡崔娜以外，卡崔娜有经验，应该知道怎么做了。但是安妮，见鬼了，安妮，你从哪里学的？还是说你经常在这个木材堆上胡来？（不不不，我知道你从不这么做的，我一直都知道你从不这样做），所以像安妮这样的女人很自然地就会从她身体的每个部分冒出来；还有呢，从那张嘴里冒出来，嘴里都是新的牙齿，法兰西斯现在看着这些牙齿，他还记得同样的这双嘴唇，但是已经不想亲吻它们了。除了在回忆中之外（这一点也可能改变），他看得超越了嘴唇，看到这个女人存有的原点，这个原点让他想起一切，不只是几年的回忆，而是几十年，甚至更多的回忆，整个世代的记忆，千万年的记忆。他很确定，无论他和哪位女子坐在一起，如果有这种感觉。无论是在古老的洞穴中或是破烂房子里，或是北奥巴尼的木材堆上，他和她都会知道，他们之间有些什么，他们必须不再单身，必须在一起，互相承诺生命中再也不会有第二个人了（确实没有第二个人出现了），两人之间将彼此忠诚、彼此拥有对方、彼此守贞以及其他傻里傻气的胡说八道。通常，人们用这些承诺毁了自己的脑袋，他们所说的话和时间的永恒无关，而是和两人同时意识到彼此之间永恒的牵绊有关。呃，然后呢，两个人，法兰西斯和安妮，或是任何年纪的法兰西斯们和安妮们，都会同时知道彼此之间发生了些什么，让他们必须不再是两个人了，他们必须成为一个人。

这就是那个吻的重要性。

一个半月后，法兰西斯和安妮结婚了。

很多年前，我刚刚发现肯尼迪的这本书时，我在纽约、波士顿和威斯康星州的麦迪逊避静写作营都朗读了这一段。最近，已经是十年后了，我在南卡罗来纳州（South Carolirina）的查尔斯顿（Charleston），在一群人面前再度朗读。这就是从事所热爱的教学的好处，你可以一再重复，直到它成为你身体和脑子的一部分，直到你不知道你是否就是威廉·肯尼迪，也不知道肯尼迪是否就是你。一切都变成流动的，列

夫·托尔斯泰的《战争与和平》（*War and Peace*）、福楼拜的《包法利夫人》（*Madame Bovary*），朗读时，你呼吸着作者的呼吸，在他们的脑海游泳。这就是书写的传承。

当我在南方那个有两条河环抱汇流入海的小城——查尔斯顿念到这一段时，我几乎拜倒，没有句子结构支撑着我，我几乎倒在地板上，嘴唇先着地。仅仅出声朗读就是一个很棒的经验。

谁会注意纽约州的奥巴尼啊？肯尼迪住在那里，推崇那里，不只是把它写进一本书里，还写进了三部曲。要书写，你不需要住在巴黎、大索尔（Big Sur）或纽约，让你所居住的城镇的细节成为"你的"地方。据说，奥巴尼是个衰败的小城，没什么了不起，多数居民是中下阶层，很多人失业。人行道上有裂痕，停车场很空旷，冬季漫长严寒。但现在，奥巴尼成为一个文学小城了，有部很棒的小说描写了它，只因为肯尼迪描述了它的精髓和气概，就让我想看看奥巴尼，开车慢慢地游逛它每一条街，一点也不要急。最好是在春季，最好是开一辆一九五九年出厂的蓝色别克大轿车。

我确实飞到奥巴尼一次。我要去佛蒙特州（Vermont）的某家书店，而这是最快的一条路线，接我的司机是奥巴尼人，他让我坐在前座。

开口问啊，纳塔莉，我鼓励自己："开车之外的时间，你有机会读书吗？"

"不太读耶。"他摇头。他大约五十多岁，告诉我他有两个孙子，妻子健在，还有两个儿子。我听他说大儿子失业，夏天时跌断了脚踝，无法继续开车了。

我故作不经意地问："你读过威廉·肯尼迪的书吗？"

他的脸亮了起来。"没读过。"他摇头说，"不过我知道他，我们都知道他。我们都感到非常骄傲。我应该找时间读一读的。"

我现在有真正的联结了。我问他小时候最爱去哪里混，街道两旁种的是什么树，他读的中学是否有窗户。我还问他，奥巴尼街上是否有很多醉汉。因为法兰西斯，书中的主角，就是个醉汉，经常流浪街头。我可以问任何问题了，因为我们现在处于文学和想象的领域，我的司机哈利也了解这一点，我们的对话有脉络了。

作家可以如此影响你，让你到了一个地方，却对这个地方不感到遥远陌生。你知道这个地方的内在世界，因此你充满好奇。

肯尼迪花了很长一段时间，寻找愿意出版《紫菀草》的出版社，但都没有回音。最后不知怎么的，文稿落到了伟大的美国小说家索尔·贝洛（Saul Bellow）手上，可能是朋友的朋友的朋友吧，贝洛很慷慨地读了文稿。

贝洛打电话给他的出版商说，如果你不出版这本书，我以后就再也不跟你合作了。

出版的那一年，《紫菀草》赢得了普利策奖。

让我们看一看肯尼迪给这个吻的结构。首先，他讨论不同种类的亲吻，然后描述真正发生的经验。选一个我们感到热情的主题——某位足球员、前一位爱人、一杯咖啡、浓稠的冰沙、滑雪雪橇、和平、嘴唇、膝盖。

让我们学他那样写，先分类，例如，慢跑鞋有哪几种？各有什么作用？你如何用崭新的方式描述它呢？然后，停顿，放手写吧！跟我们说说某一双特定的慢跑鞋，你的慢跑鞋。你穿着它们去过什么地方？为什么？做什么？遇到谁？描写整个宇宙吧！跑步，走路，拥有双脚踏在人行道、草地或网球场上的感觉如何？分类、想法、界限，跟随着你自己的轨迹，一直走入大雨中。

No.21

画出你想写的故事

这个夏天，我去了亚斯本美术馆（Aspen Art Museum），在书架上发现了《可以画的六百四十二件东西》（*642 Things to Draw*），没有作者名字，没有解说介绍。这是一本厚厚的大书，封面是一辆鲜黄色的轿车，里面都是空白页，整页空白或切分成一半，或是四分之一，或三分之一的格子。每页的左上方印了一个名词。记得吗？一个人、一个地方或一件东西。画些什么你很想画的某件东西。有时是一句话，“多事的街道。”这本书感觉很有料，充满了蛋白质和可能性。我拿起这本书，买回了家。

我带着这本书去了两次避静写作营。我有个想法：如果我们用文字画画呢？不过，首先为了好玩，也为了暖身，试着把这些东西画在笔记本上。你不需要是米开朗基罗。就用你的笔，只是不同的动作，花一到三分钟的时间画以下这些东西：

枪 / 麦根沙士

公车站 / 卡车

网球拍 / 鸢尾花

剪头发 / 复活节兔子

螺丝起子 / 煎蛋

全麦吐司

杰克·凯鲁亚克（Jack Kerouac）称自己的诗为“速写”，写出当下眼前发生的时刻。文字的特质就是可以跟着你到任何地方。如果在你眼前的是你放在咖啡桌上的双脚，那就写这个。发生在你眼前的事，也就是之前发生的事、你的过去、你不知道的事、你的未来，以及这段时间的一切，尤其是你所有的疯狂思绪。所以，用文字画画的范围很宽广，书写一向如此，你可以去任何地方，你可以很疯狂，我们有了这本很实在的书，找一个名词，那个名词就是我们的锚，我们的起点。

我对写作营的学生说："布丁，开始。你有五分钟，用文字画出来。"五分钟是平常书写练习的一半时间。学生像赛马似的快速冲出栅栏，每一根神经都专注于这个名词，把注意力集中到一个东西上，保持精简、直接、联结，同时开启更广阔的范围和感官。他们忽视障碍，认真地写，强迫体内的任何东西冒出来，加油，加油，加油！

布丁

盒子里的布丁粉，巧克力口味的，当然，别管香草、焦糖和覆盆子口味的，虽然那些也不错。现在是一九五九年，打开盒子，把布丁粉倒进锅里，加两杯牛奶混匀了，五十年代的人很关心营养问题，牛奶混合了粉状化学物质。我搅拌起来，气味变成了家、窗外的树、肌肤晒成古铜色的祖父穿着蓝色短裤站在晾衣绳下、挂着的床单、嘴角叼着的未曾点燃的雪茄。

我们又做了几次练习：

汤匙

在床上和我一起窝着，像两把汤匙的姿势。你在后面，把身体调成与我身体同样的姿势。在被单下，你的腿在我腿后，稍稍弯曲，你的前胸贴着我的后背。夏夜的纱门开着，蟋蟀在叫，隔壁四只可恶的吉娃娃半夜对着游荡的浣熊吼叫，浣熊吃东西的时候用精巧可爱的手掌，极有技巧地吃。完美的月光，我的绿葡萄挂在厚重绿叶的棚架上，已经成熟。番茄还没成熟，它们不吃。它们等着覆盆子变成深红色，等着低矮叶子下，先开了白色的花，然后结出草莓，早上四点，空气越来越冷了。

沙丁鱼罐头

那些小小的、优雅的小鱼排排躺着，在深沉、寂静、黑暗的油里永远地躺着。你打开罐头，终于有了这经历了难耐的工业制程后的盛宴。这些鱼多年前就死了，现在又活了过来。放一罐沙丁鱼在我坟里，这样，等我死了四十年后，当我肚子饿了，我可以醒过来，有东西吃，在这个油油的天堂谷，没点燃的油灯散发着隐隐的气息。

给我两罐，我会需要吃很多，比人行道上那两个渴望被人拾起的五分钱镍币，都更为饥饿。

香水

汽油的味道，涂在伤者耳后，在那希望的架子上，引发未知。噢，水手的传说；噢，穿蕾丝的女人；噢，说不出的饥渴，尾随着街角和港口如花的香气，渴望着一些未知，驱策着性欲与未来时代。香水确认了我们的延续，创造了麻烦和希望，和巴黎一样古老，不留活口。比臭臭的奶酪更强有力，比柳树更排名在前，在工人的背上，香气带领我们度过破碎的一代又一代，渴望培根肉、栀子花、女人的大腿、夜晚的酒。

杯子蛋糕

完成了，我无须再书写，不用喝咖啡了，不用任何东西了，除了脚上的袜子和喉咙后面想打的嗝，有点累，但还好，又老了一点，没办法像以前那么快了。回到古老诗篇，所有邪恶与烟雾的源头，我在《香水》的那一首诗里应该提到烟雾的，但现在，火已经熄了，我们又孤独了，第二天早上，累了，但即便双手也变冷了，我们苍老的心还想要更多。所以，我们吃了一个杯子蛋糕。

没有藏身之处，你也根本不知道自己写了些什么，我们称之为“子弹书写”。

我打开黄色大书。以下是书写主题的其他可能：初恋、电。你要如何画“电”？必须很具体，可是文字本身就不是具体的，况且，事物实像往往不是我们看到的表象。房屋中介商、维生素、小的花饰垫巾、办公室大厦、棉花棒、薯片和蘸酱、奶酪、下午、剩菜、红鹤、骰子、打字机（用你的想象力想象它是什么样子）、咖啡纸杯、猫的胡须、街车、足球、电话亭（用你的想象力想象它是什么样子）、手风琴。

虽然没有作者的名字，但当我翻着这本书，在这些名词里，对创造这本书的人有了一些感觉。都市人和社会联结，关怀人类和日常生活。他或她，假设是女性，假设她叫作雅尔柏达，在城市里走来走去，选出并记下她看到的东西，就是记下来而已。“街车”是一条线索，她在有上坡、下坡的旧金山街上走来走去，并且够优雅，不阻碍任何人。书里甚至没有说明或介绍，只是请读者随意涂鸦，怎么画都行，没有优美的序文，无所为而为；没有最终的成果，就做你想做的就好。雅尔柏达找到了六百四十二样东西，甚至没有弄个整数，但完成了这件事。

你的四周可以看到些什么呢？端详它们，不要错过。现在是初秋，一切都开始萧条，成熟的覆盆子、最后一批番茄、向日葵、宇宙、南瓜、辣椒、微风、清晨太阳升起前的那一丝寒冷、在街角快速转头还可以闻到的冬季气息、被蔓藤缠绕着的最后一刻。一切都迎向我们，不要背过身去，即使痛苦，也要亲临，承认并感谢宇宙赐予你的一切。

No.22

“清单”才是书写真正的骨架

是的，我们都有买东西的清单。如果你读别人的清单，会发现清单本身就很有趣。书写也有清单，写起来很愉快。不一定要排成一排，也可以横着写，但是它可以牵引出你对某些事物所知的一切。

试试这些开头，然后创造自己的清单。要保持精确具体：

你带着什么？

最简单的事情是什么？

离开之前，我想告诉你……

某某人（自己填上名字）留在我体内的是什么？

这些主题让你有个好的开始，否则无论你写下多么奇怪或独特的细节，你的清单将只是一张只开头连接一切的单子，例如，请看这张清单：亚利桑那州的峡谷、城镇的垃圾场、球场、大角山（Grand Cape Mount）、六六线道、购物中心、去洛杉矶班机上的23D座位、弗吉尼亚州的一个士兵坟墓、郊区后院。到底要说些什么？这是它的开头：“这是一本诗集，诗人就只是对美国的某个地方感到忘乎所以了。”接下来就是刚刚的单子。现在你看得出来这张清单的意义了吗？这是盖瑞森·凯勒（Garrison Keillor）出版的诗集《好诗，美国各地》（*Good Poems, American All Places*）里的介绍。他接着写道，在这本诗选中，所有的诗都是“这些地方当下的追忆”。如此看待诗，真是美妙。

让我们看看艾伦·金斯堡的诗：

《伯克利的一间奇怪新屋》

整个下午，从颤巍巍的褐色栅栏上砍除黑莓荆棘
低枝上，已经腐烂的杏子挂在杂七杂八的叶子中，
修理新马桶精细的机械构造中的漏水之处；
在走廊蔓藤中找到一个还好好的咖啡壶，将一个
大轮胎滚出猩红色的树丛，藏着我的大麻；
浇花，互相玩着被太阳照射的水；
给长豆和雏菊再浇一些宝贵的水；
草地上绕了三圈，不自觉地叹息；
我的回报，当花园赐予我梅子
从角落里的一棵小树，
一个天使很体贴我的胃，以及我干燥失恋的舌头。

你看得出来吗？金斯堡的这首诗主要是用一张装饰性的清单建构起来的。请注意，诗的标题《伯克利的一间奇怪新屋》就已经是单子的开头了。

清单会给你一个结构。开头的那句可以把这首诗变成文学作品。

试试这些开头的句子。如果你迷路了，就回到这些主题，重写开头的一句，然后继续：

我要告诉你……

我在想……

我在看着……

我如何爱上我的人生……

清单可以很简单，但是让我告诉你，它们是书写真正的脊柱。

No.23

书写就像你深爱的一个地方

二月底的某个星期六黄昏，我到明尼亚波利市（Minneapolis）待了两晚。我从阿布奎基（Albuquerque）来，正要去北达科他州（North Dakota）的俾斯麦（Bismarck）。令人惊讶的是，如果我在这里转机过夜，达美航空给我两百美元的折价。

我拖着行李箱，在转运行李的地方等我的老友艾瑞克开车来接我。天气非常寒冷，几乎是让人无法忽视的兴奋，交管人员驱赶一辆停得太久的福特轿车，还跟我打招呼。

“等一下！”我大喊，我呼出的气在我脸前形成薄雾，“你没戴帽子或手套。你疯了吗？”

“我根本感觉不到寒冷了。”他给我一个大大的微笑，“一辈子住在这里，如果到了零下二十度，我才会戴上毛帽。”噢，是的，明尼苏达人爱他们的漫漫长冬，而且不服输。

我努力看车子里的驾驶者，不确定艾瑞克会开哪种车。他终于开着一辆很大的白色丰田过来了。对如此短暂的停留来说，我的行李实在太大，我把行李箱放进后座，自己坐进了前座，然后沿着因路旁堆雪而窄成单线的马路往前行驶。这个冬季下的雪破了纪录，被铲雪车堆在街道两边的积雪有两米半高。

艾瑞克看到我眼睛睁得老大、下巴掉下来、屏着气，对我微笑，说："哦，我爱死了。"

第二天，我们经过富国银行的停车场时，在十二月、一月和二月的漫漫长冬里，铲雪车堆出的积雪已达三米半高。我们必须伸长了脖子往上看，我的朋友卡萝说："你知道吗？冰河时期就是这样开始的。这么多雪，夏天根本无法让它融化。"

我相信她说的话。我觉得这就是爱，明显的事实，无论你如何试图将之文明化，却仍然原始。相信我，明尼亚波利非常努力地试图文明化，到处都是你可以坐一整天的小咖啡馆，盖瑞森・凯勒和路易丝・厄德里奇拥有两间规模很大的书店，三十一街和海尼平街交汇口有一间很大的二手书店叫作马格斯和奎因，就在路西亚烘焙店旁边。你可以在路西亚买到可颂面包和饼干，以及各种好吃的甜点，因为这是小麦的故乡，他们很懂烘焙。

成长在北达科他州农场的卡萝和我一起去明尼亚波利艺术学院（Minneapolis Art Institute），自上次造访后，他们又添了一栋新的侧楼。学院越来越大，向着光秃秃的酷寒不断延伸自己，里面很温暖，我们看到了文化——法国的油画、佛像、已经离开明尼苏达在地艺术家的摄影作品。我们经过几个画廊，看到一面玻璃窗，我们往外看，黑色光秃秃的树，学院对街脏兮兮的积雪和下午四点、透着微小天光的灰色天空。我们在很北方了，看着这个景象，感受最真实的画面。

"噢，这好美。"卡萝愤世嫉俗地说，她受够冬天了，"很像二十世纪七十年代后期，你还住在这里的那些年。"

这个冬天，卡萝的屋顶真是糟透了。她必须把旧丝袜里塞满盐，丢到屋顶上去。盐像是剧毒，融解厚重冰块，让她有个着力点去打碎冰层，以免整片冰砸垮屋顶，掉进屋里。

我问卡萝，她是当地有名的皮肤科医生，"为什么不在你弄断自己脖子之前，雇个人帮你做这些事呢？”

“我就是没办法，只要我还能自己来的话。”她说。屋顶漏水，她爬上去补；水管坏了，她蹲下去修，这是我们之间的老笑话了。北达科他州的女人素来以能力强和独立闻名，当男人去打仗的时候，女人必须做农事，当男人终于回家时，脑子很多已经不对劲了，女人只好继续做所有吃重的工作，于是这个传统就一直延续了下来。

我发现跟这边的老朋友谈话，一半都围着气候转，我听得很有兴趣，完全不是无聊闲话，而是即时的分享。

一个朋友跟我说，她家附近有三个人在冰上滑倒，髋骨骨折。“其中一个滑倒时，头撞到路边的冰块，从此不知道自己是谁了。”

“在这种气候里，你不会宁可忘记自己是谁吗？”我得意地大笑。

星期天大早，我把自己包得紧紧的，离开朋友艾瑞克的家，到三条街之外的卡尔亨湖（Calhern Lake）走一走。我现在穿得够暖和了，很厚的羽绒雪衣，厚重的羊毛帽子，双层的毛线手套，丝质长袖内衣和一双好靴子。我住在这里的时候，才三十出头，开一辆乳白色金龟车，连暖气都没有。我去中央中学（Central High School）教书时，以时速一百公里的速度，和其他早上七点的车流一起在高速公路上奔驰，我必须把车窗摇下，刮除车窗上的结霜，才能看到外面。十二月初的温度可以低达零下二十度，直到春天都不会回暖。四月时，春天慢慢来临了，到五月万物新绿时，你简直要相信严寒再也不会来了。

或许，这个星期天早上的散步是我终于与这个恐怖气候达到和解的一刻。我好像根本不在乎严寒，我脸上围着羊毛围巾，不确定是零下十一度、九度或四度，反正冷到了某个点，这一切都无所谓了。真是冷中之冷啊！就像在牛奶里加进牛奶似的，你根本无法区分。一对男女走过，手上牵的可卡犬穿着小皮靴，看来即使是狗，也无法忍受人行道上结的冰。

几年前，艾瑞克，一位坚毅的明尼苏达人，跟我示范他如何在结冰的卡尔亨湖上静坐。他把椅垫拖到湖上，自己站着，先向四个方向鞠躬，然后坐在椅垫上，椅垫下面则另外有个垫子。太阳逐渐下山了，他静静地坐着，纹丝不动。他说："蛮愉快的，我希望有一天大家会流行这么坐。"

两位女士慢跑超过了我，之后又有一位男士牵着狗经过，除此之外，只有我一个人，我加快脚步，感觉到手指尖要冻僵了。我无法相信我会这么爱这个地方，毫无逻辑可言。当然，我在这里遇到我伟大的禅师，住在他家几条街外，一住就是六年。是的，我在这里学到很多关于书写的事情，在"驻校诗人计划"中教学，也在一家族群多元化的小学当过两年的驻校作家，后来获得一笔很大的州政府奖学金，让我去了以色列，正式成了作家。但是，停在一棵朴树前，望着平滑的白色湖面，身后的车疾驰而过，我了解爱是没有理由、毫无道理的。

终究，我不属于这里，就像我最爱的几个人都不适合同居或结婚。但是，他们仍然对某个部分的我说了些话，让我想念这些邂逅。这个部分的我渴望被看见，很多年过去了，我仍记得他们，心里仍怀着赤诚、丝毫没被驯服的爱。即使除了冬季之外，没有人会说明尼亚波利是荒郊野外，但当年对我这个从纽约的布鲁克林来的第二代犹太女孩而言，这里简直就是美国拓荒的最西部了。我遇到很多人，有的在艾奥瓦州农场上长大，接近那条蔓延而巨大的美国河流——密西西比河（Mississippi River）。我看着别人在冰上凿洞、钓鱼，也去了州界最北边的夏季别墅，后来回到明尼亚波利，在这里我没有家人，没有根，只是一个身处陌生地方的陌生人，但这里却是我的精神故乡。

我常常写到明尼苏达，试图逃避我心目中某种奇怪的联结。大部分的明尼苏达人认为我恨那里，但他们错了。当我描写一个地方，即使是取笑这个地方，它都长在我的心上。

我的朋友米莉安说我对地方上瘾。有些人爱车子、旧房子、衣服的剪裁和线条，这些执着告诉了我们一些关于自己的什么事。

当我想到母亲，她着迷美丽的事物——杯子、盘子、毛衣、鞋子、大衣、帽子、餐垫、地毯、沙发、灯具、窗帘、耳环、戒指、糖果盘、小碟子、刀子、叉子、汤匙，这些是她进入更广大的世界的入口，快乐的起点，借以逃避日常生活的污浊。我希望她的快乐来自我和我妹妹，但是她无法把心放在我们身上，色彩、触感、形状才能让她的脸亮起来。

星期一，我继续去北达科他州，我还没见识到真正的严寒。从俾斯麦（Bismarck）西部到蒙大拿州（Montana）边境的狄克森（Dickinson）要开四个半小时，中间都是光秃秃的冻原，地平线与天空连成一片，没有任何阻挡视线的东西。我们在白色真空中移动，寒风吹过高速公路，车子因而颤动，现在我真的进入另一个世界了，车子一路颠簸，进了华美达的停车场后，在那边下车。地上的硬冰厚达六十厘米，表面凹凸不平。

“现在太冷了，撒盐都没有用。”说话的这位善良的教授曾经写过一本关于马克·吐温和一本关于查尔斯·强生（Charles Johnson）的书。他来接我。

大厅是暗的，充满了烟味，这里还没有通过《禁烟法》。狄克森附近的土地上发现了石油，去年，有几位农人变成百万富翁了，据说他们把钱藏在身边。整州的人口还不到一百万。

我这次是去拜访狄克森州立大学（Dickinson State university）的学生，他们比较开放、有准备、有一点疯狂。他们期待我——造访的作家——娱乐他们，而他们自己只需要坐在那里轻松享受。

我发出命令：“好了，大家站起来，把鞋子脱了。”

我教他们如何学红鹤那样用单脚站立："我们必须平衡，不只是身体，也包含心智。一个杂念，我们就会失衡。"

然后我们弯腰，碰触脚趾，"这是为了我们的背部"，我对这些二十岁左右的学生开玩笑。

"好的，你们可以回座位了。我们轮流说自己的名字，在哪里出生，自己喜欢的一样食物。"

克莱儿说："中国食物。"

"要精准，哪种食物？"

她做个鬼脸，表示不知道。

继墨西哥食物、薯泥、牛排、汉堡之后，一位来自蒙大拿州的女孩说："苹果酱。"我们都笑了。

"好，我们为什么会笑呢？作家都要检视自己的心智。"我阻止全班，不让他们接着说。

她旁边的年轻女性说："因为苹果酱很普通，你不会期待有人说苹果酱。"

我点头，注意到她穿的是百慕大短裤，室外是零下十一度，我指着她的腿说："你疯了吗？"

她把一边肩膀往前倾："我是在这里长大的。"

"所以你在挑衅寒冬吗？"

她微笑着说："不。"她很喜欢得到大家的注意。

最后一天，我们写出童年回忆中的事物。

我的保姆咀嚼我的鞋子

温度达到零下五十度时，山羊放在厨房中

我父亲的口哨

一个叫作乔瑟夫的男孩念二年级的时候过世

校车靠到路边，车门大开

第二天，两位教授开车带我去罗斯福国家公园（Theodore Roosevelt National Park）。零下十度，远处山上，我们看到野生的美洲野牛，更远处还有一些野马。

“关于这些野马，你要听浪漫还是历史上的解释？”

“都要听。”我说。

“有此一说，这些野马是印第安坐牛酋长（Sitting Bull）的马的后裔，就是当年他知道没有希望之后，野放了的那些马。”

“我喜欢这个说法。”我看着宽广寒冷的冻原。

“历史上的说法则是它们是农场上不再适用的工作马。”

“所以它们变成野马了，好美。”我跟着说。

我离开北达科他时心想，你只是看到表面一点点而已，你可以在任何地方找到觉醒的心智。但是班上这些学生和这些甜美的老师，不知道自己是有觉知的，也不知道自己有多么可爱。对于大部分的人来说，“觉知”甚至不是我们在寻找的品质。我们忙着赚钱、得到好成绩、期待着春假。“觉知”，是另一个国度了。但我们有责任认出这个国度，了解“对地方的爱”可以是一个起点的回忆与省思，或我们的渴望和希望的地图。

No.24

用一周的时间在咖啡馆书写

盯视、窥探、倾听、偷听死时知道一些事情。

你在这里的时日无多。

——沃克·埃文斯（Walker Evans，1960）

有时候，你可以试试简短的练习：连着七天去同一个咖啡馆，同一个时间，同一个位子，描述面前的事物，你听到什么、看到什么、闻到什么、尝到什么，不要间断。

我对避静写作营学生提到过简短练习，但是除了我之外，似乎没人有兴趣。我决定真的实践。

到了十一月底，感恩节过后一天，我决定连着七天，每天中午十二点去峡谷路的茶屋，不停地书写二十分钟，描述“我眼前的事物”，试着偷听到坐在桌前的人们、来来去去的过客的对话。我承认，带着笔记本电脑会更有效（他们有无线网络），但我很有经验了，用纸笔就可以抓住身边发生的各种言谈举止。我把这件事情当作简短的探索练习，只是想看看感觉如何。

困难来了，第一天就立即产生抗拒。我才一开始就不想做了，我胃痛，我不想待在大家都在吃东西的咖啡馆里。要选一天的中间——中午，更是不可能。我在想些什么？也许一大早会更好，然后我想，“这是个适合书写新手的活动”，我提出的这个点子听起来是那么有吸引力，“但是我无法从中学习到任何新的事物。”我跟自己说。那个星期五，感恩节后的第一天，店里塞满了来访的家庭、朋友，我一个人在这里书写，落入了旧的陷阱——寂寞的作家。我为什么没有当殡仪馆老板、水电工、外烩厨师呢？噢，别又来了吧。

纳塔莉，闭嘴。你说你要这么做，你已经在这里了，第一天，坚持下去，别这么戏剧性吧。

我半认真地逼着自己做这件事。只有一天准时到场，中间还缺席了一天，等到最后才补上，一直去了七天。

我真不愿意承认，虽然一开始强烈抗拒，但三周后的现在，我终究学到很多。第一，我看到我这个老女孩还是可以坚持做到；第二，我发现自己会思考一下我写的人，即便是这么短的偶遇；第三，我也发现自己更能注意别人的对话了。过去这一周，在“真正的秘密”避静写作营里，我带着大家慢走，从禅修中心走到院子里时，我听到厨房外面有两个人在大声说话。平常我会忽视这个对话，或是将它当作背景声音，如果遇到我心情不好，大概还会为工作人员这么不尊重止语规定而生气。但是因为咖啡馆的练习，我的感官敏感度达到最高点，他们的关系是什么？我知道他们的声音很兴奋。无论男人说什么，女人都开怀大笑。他们在勾引对方，因为我对他们保持新鲜的兴趣，我也跟着觉得活了起来。

以下是茶屋里的部分记录：

十一月二十七日，周五

十二点五分在峡谷路的茶屋里。感恩节过后，我赶在中午十二点之前冲到这里。我跟学生说过这个练习之后，就一直想做这件事了。开始吧：

“电锅里蒸十八分钟就好了。”

"哈维，就是用米、枫糖和奶油。以整道菜来说，太丰富了。"

"我要比较小的一份。"

"你检查过你的胆固醇指数了吗？"

"我要小份的。"

"我的数字是二四九。"

戴着白色小帽的宝宝被抱出去了。

戴着金边眼镜的男人，穿着红色滑雪夹克，把杯子拿到收餐具的餐车上。

他转过身，肚子大得让夹克拉链都要爆开了。通往隔壁的门旁种着枯萎的无花果植株。

坐我旁边的年轻男人顶着黑色卷发，正在读一本很厚的书。我偷看了一下，书的左上方，书名是《生命本身》（*Life Itself*）。他穿着牛仔裤，喝完杯里最后一滴，站起身，把书反过来放，再去点一杯。书的作者是比尔·布莱森（Bill Bryson）。他回来了，杯里什么都没有，我假设排队的人太多了。柜台在两个房间之外。他检查了笔记本电脑，再度开始阅读，倚靠着桌边。

之前提到自己高胆固醇指数的女人现在说了："你的羊肉很好吃，没有野生的腥膻味。我发现一种羊奶酪，不，叫作牧羊人奶酪，就没有腥膻味。可是前个晚上，我看着肉，非常地红，我就吃不下去了。"

右肩背着皮包的女人，左手拿着冰淇淋筒遮着脸，走了出去，里头是粉红色的冰淇淋。

"吃东西的时候谈论结肠镜检查，太恶心了。"

在这里工作的女人穿着灰色毛衣和牛仔裤，喊着："十三号在哪里？"

另外一间房间，面对我坐着的是一个女人，背挺得直直的，正在打开膝盖上的电脑。橘黄色毛衣，背后有植物。

坐我隔壁的男人先查了电影时刻表，现在再度检查他的掌上型笔记本电脑。

他戴上帽子和手套之后，跟我说："我不知道我是不是真的要走出去，好冷。"

我问他："这是哪种电脑？"

"摩托罗拉。"

"这本书如何？"

"如果你喜欢科学，就很棒。"

"你是学生吗？"

"我在新墨西哥州大学修课，也在圣塔菲兼职。"

"噢，跟乔尔菲·卫斯特吗？"

他点头。

"如果你站在阳光下，就不会那么冷了。"他离开了。

"我妈妈是犹太人，她很严。我爸爸就不一样，我做什么都好。"

"我想不起那个字了——哦，'怨恨'——有些人非常怨恨自己被抚养长大的方式，会刻意走刚好相反的路。"

"我的球鞋简直是世界上最紧的了！"

她伸出穿着黑色球鞋的脚，"我有很多这个牌子的鞋。"

十一月二十八日，周六，12：10

今天我离练习目标迟到了十分钟。感恩节过了两天，我为了自己的胃，正在喝发酵过的冬菇茶，很好喝，又很温暖。这二十分钟，我都很想坐在外面书写。但是我说"相同的地方"，就表示要"坐在同一个座位"上。我在同一个咖啡馆里。无法坐到同一个位子，我只能坐在那个位子旁边的圆桌旁。

一对男女坐在我昨天坐的位子上，在桌上公然牵着手。穿着浅灰色长袖运动衫的男人背对着我。两人都三十多岁，女人穿着深蓝绿色T恤，上面写着“三〇〇九，洛杉矶摇滚”，刚刚才将透明玻璃杯里的茶举到嘴边。现在她用手撑着头，听着男友说话，他正在说到自己的父亲，“还是一样。头有一点糊涂，眼睛总是疲惫不堪，我就关机了。昨天晚上，我回家的时候就是完全不用脑子。”

“是你说的。”

“将来我绝对会跑掉。”他说得很快，他要她了解，“现在你可以看到了，不全是我的问题。”

她往前倾，摇着头。她的眉毛很细，是画出来的，直发，留到肩膀长度，手指甲修过，没有涂指甲油。

“现在你知道我要的是什么了。”他说。

他想从她那里得到许多，他的口气在说，到我身边，了解我。

现在她在说话了，急促地谈到了他们两个昨晚遇见的一个女孩，声音中有着防卫的意味。

一对男女推着婴儿车，孩子穿着粉红外套，走了过去。

我伸手拿茶，我还没点任何东西呢，我会在小费箱留一块美金。经过了点餐台，直接去桌位，已经迟了，已过中午。

“绝对不。”她正在说。

她笑了，“不”一个字拉成三个音节。

“这就是我的感觉。我们不需要慢慢来，除非你想要那样，现在就告诉我吧。”

她很小声地回答，我听不清。

现在他们在争吵了。

“我从来没那样说过，我把你介绍给我的家人，你说你的家人从来不过感恩节的。”

“我妈妈不过感恩节。”

对角处的桌子，另外有一对男女，正低头对着很厚的书和笔记本记笔记。他戴着黑色镜框的眼镜。

大厨穿着白色围裙，戴着棒球帽，走进门。四处看看。他穿着海蓝和白色条纹的T恤。

星期天，跳过。

星期一，十一月三十日

昨天本无意跳过，但是前晚睡得太晚了，我不确定昨天跳过了自己是否高兴。我的目标不是要持续做七天吗？看起来其实不那么难，难的是每天中午。现在星期一了，我早到了半小时。准备好了，急着开始。所以，或许昨天跳过一天没有关系。

茶屋的正中午。

两个男人穿着黑色衣服，坐在壁炉前的一张圆桌旁。脖子上戴着大大的十字架。其中一位戴着黑帽，看起来很刚强，有胡子，眼睛下有很深的黑眼圈；另一位比较脆弱的样子，穿着牧师制服，留很长的金色胡子，秃头，我知道自己必须小心，不要一直抬头看他们。刚强的那位看着我，我坐着，身体朝他们前倾，试图听清楚他们在说什么。牧师说话，另一个倾听，但是我听不清他们所说的内容。我听到几个字，基督徒、教会、印度。刚强的那位发生了些什么事：“我要大做一番文章。城里有一大部分的人是新时代的信徒。我个人认识的人里面，大部分都……”听不到了。

左边的女人穿着浅灰色衬衫，绿松色的外套挂在椅背上。她在看电脑，我看不到斜对面另一桌的人，但是看得出来穿的是深绿色衬衫。

我点了半个三明治，素食蘑菇汤，非常好吃，可是我好冷，左手夹在双腿之间。

刚强的那个继续用单调的音调说着话，牧师只说了一句话。

拉邦巴（La Bamba）的音乐响了起来，我不知道是从哪里传来的。

穿绿色衬衫的人站起来去上厕所。厕所是锁着的，他又回到座位上。他有白发、秃头、穿着牛仔裤。

刚强的那位说："我要和解。我有些反应错误，需要协助。那是我的疏忽……"又听不到了。

一对亚裔男女走进房间，又走了出去，寻找座位。

痛恨这个房间，很冷，椅子又硬。刚强的男人看看我。我无法看着他们了。

两个男人从后门进来，穿着厚重冬衣。整个地方的对话都很热闹。另一个房间传来尖锐的咳嗽声。浅黄色油漆的墙，角落里有三堆塑胶杯子，放在水瓶旁边。还有刀子、叉子、汤匙，用餐巾纸包着。一瓶辣酱、两个糖罐、一个木罐子里头是袋糖。我注意到我的桌子上也有这些，一小包一小包的红糖。

牧师很平静地说着话，并不表示他真的平静，只是教养如此。他说："大灾难。"

"我要把垃圾都倾泻到你身上。"

牧师点点头。

带着电脑的女人去了厕所。绿色的男人也去了，牧师和刚强的男人还在激烈地说着话。这是房间里的能量所在。"我想要被了解。"刚强的男人的脸都扭曲了，右边嘴角提起——他正在认真地听牧师说话，所以我看着他们，他手上有玉米片。

他问："我可以用充满尊重的方式提出问题吗？"

如果你问我意见，没有人问我意见，刚强的男人给牧师太多权力了，应该更信任自己一些。

星期二，十二月一日，12：14

无论如何，似乎无法中午赶到了。一九九〇年海湾战争刚刚开始，巴伯·怀德和我每天中午坐在圣塔菲广场，拿着牌子，上面写着“为中东和平静坐”。有时候，我们是冒着可能跌一跤把脖子弄断的危险赶到那里的，但是，这一切如此必要。如果你有个伴的话，一切就都不同了。准时显得更为急迫必要。很多人问我，我每天的日子如何过，他们想问的是我何时书写，而我无法回答他们。

女人刚走过这个房间，现在房间都空了，只有我坐在火边，还有远处的雷鬼音乐。走过去的女人回来了，她身上的香水很难闻。她嘟囔着：“我坐这里吧。”她走近火边，坐在我旁边。倒霉，香水真臭。他们刚帮她拿来一杯有盖子的饮料，我不确定是不是茶。她搽了粉涂了口红，我敢打赌她不住在这儿，你总是可以看得出来新墨西哥人和观光客的不同。

或许我结束之后，可以问她，让你们知道，但是如果我现在问，就会中断我的书写了。除了化妆和香水之外，线索还包括了她在吃烤过的全麦三明治。圣塔菲的人都对麸质或小麦过敏，我们都过敏。这是个有病的地方，不要搬来这里住。

我有没有提过，天花板上挂着纸灯笼，上面写着假的中文？写些真正的中文会死哦？地板是木质的，很脏，桌下有食物碎屑，服务很慢，点餐柜台一直大排长龙，但是食物很好吃，天气够暖的时候，坐在外面峡谷路的人行道上，简直像天堂。我从来不会来这里而坐在室内，那我为什么在十一月底这个寂寞的感恩节假期选择了这里呢？阳光穿过窗户，照到我背上，我看到自己的头的影子落在桌面上，看到笔的影子滑过页面。忽然间，一切都看似甜美，就像以前在咖啡馆书写的光景。你、你的心智和世界，以及我正在喝的沛绿雅矿泉水。

有人在隔壁跌了一跤，叫了起来，一阵笑声，我抬头看。一个女人在隔壁沙发上坐了下来，戴着米色棒球帽。我敢打赌她也不住在这里。只有观光客在感恩节刚过的星期二陆续到达，以及我这个作家在她的绿色笔记本上写着。

好吧，我放弃了，问香水女人："你住在这里吗？"

她说："是的，你也是。你以前住在道斯镇。"

"噢，所以你知道我是谁？"

"你想念道斯镇吗？"

注意力转向我了。我完全错了。我说："是的，但我很喜欢这里。"

一位个子很高的男人走了进来："你是派翠西亚吗？我们应该换个位子，才不会打扰她。她在书写呢。"

"没关系，我也快写完了。"我又说，"不然我会把你们的对话也写进去。"我们都笑了。

你看吧，我啥也不知道。谁住这里，谁不住这里。

星期三，十二月二日，中午

我明白需要一些时间才能建立规律的习惯。今天我就只是来了，没有抗拒。从昨天和香水女人的对话中，我得知她十年前在道斯镇，曾经有两个星期跟着我上过课。她很可爱，请忘记我写的关于我的看法、化妆和香水的话。我闻到厨房传来的香味，我想那是我没有点的鲑鱼和胡桃。我坐在圆桌前，背上被壁炉的火烤得暖暖的。一个女人坐在角落里，背对着我，白发很短，穿着栗色和黄色的佛教袈裟。她跟一位有外国口音的男子一起坐着，男子有着大大的微笑，

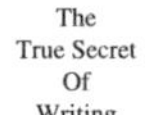

女人在笑。男子的头发很卷，没有梳好，明亮的蓝眼睛，穿着黑夹克。听不到他在说什么，只听得到他的外国口音。

一位很高大的女人在尼姑和我之间的桌子坐下，手机靠着耳朵，右手臂挂在身旁的椅背上，看起来很不快乐。她听着手机讯息，脸上全是惊愕的表情，然后她叹息了，望向窗户。她小口喝着绿瓶子里的沛绿雅。她的朋友加入了，用手说着话。

“我想重点是要记得。他想要招待他的客人，客人想去拜访主教小屋，顺路也去道斯镇。他可能跟你说了很多，你必须想一想他说的话。”

“你提到一个包裹，是什么呢？”我可以听到大个子说的话，但是听不见她朋友的话。

现在两个人都在看着电脑了。“你知道我的狗不喜欢我用电脑。我的斗牛犬会吠叫。”

对面的女人手倚在桌上，倾身向前。眼睛上化了浓妆，涂着口红。我不想猜测任何关于她的事情。

“我不需要推销道斯镇。大家都想去。”

侍者从后面房间过来，往火里加了些木柴。

女人皱眉了，交叉着双臂，等着食物，或饮料。

服务台上放着《纽约时报》，意大利为了提高学费而暴动，欧洲忙着刺激经济，柏林地铁工程挖掘出纳粹埋藏的现代艺术雕像。

女人许是没等到食物，轻蔑地微笑。她点的咸派来了。

唯一可以听到的是一位很高大的女性，她说：“我是个老社工，无法不留意到别人在盯着我们看，我希望他们对客人好些。”

“或许下次吧。”和尼姑在一起的男人说。

对面的女人伸手拿盐。有一大杯水，插着吸管。她对着叉子上的食物吹气，让它冷却。

门上的出口标志指向走廊和皇宫大道。对街窗框是鲜艳的蓝色。

电话响了，坐我对面的女人在讲手机，一面吃一面说话：“是的。”然后放下手机。

“我认识蒙帝·沙格拉豆的经理。我很爱听他说那边的生意。他们试着吸引人群来办婚礼或研习会，想要不寻常的活动。他有很多好点子，主题活动很棒。费城的人很期待这些主题活动，附近有很多牧场。”

女人吃完咸派，把餐具放好，离开。很少人会来这边只为了吃。这是来消磨时间的地方，喝茶不就是为了消磨时间吗？

重读时，我看到自己这里评论一下、那里评论一下。我的规则是不要诠释。就只写眼前发生的事。我该说什么呢？没借口。

你为何不试试这个简短练习呢？比我聪明一些，指定一个比较合理的时间，可以是工作场所的餐厅，或把练习整合到你的生活之中，譬如，连着七天在孩子的游乐场，情境有无穷可能。请记得：记录眼前发生的事情，视觉、听觉、感觉通通记下。眼前发生的事情也是隐喻：可能是存款不足被退回的支票、父亲临终、儿子被军队派驻海外……但是，请不要迷失在内在的议题里。注意房间对面带着小孩的女人，注意她如何拉整围巾，正在喝咖啡的同时，跟坐在她对面，喉结很大的男人说话。让实实在在的世界为你定锚，让你深耕。

我有另一个点子。你也可以选择森林里的一个地方。没有人类在对话，但是每天在同一个地点，会使你注意到自然环境，让你必须将你不了解的事物化为语言。

或者你可以试试这个练习角度。我的禅师朋友约翰·大道·路里

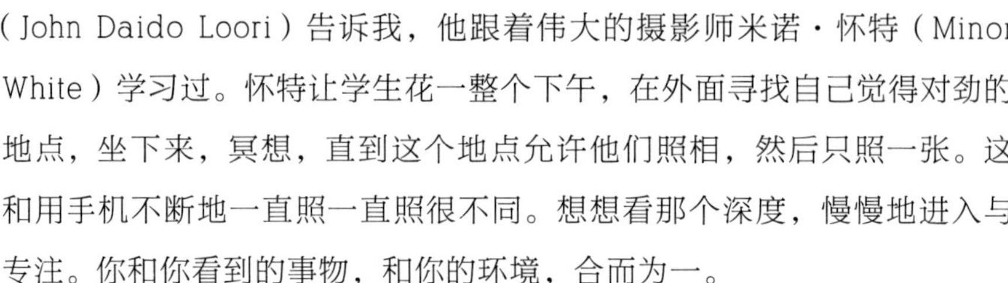

（John Daido Loori）告诉我，他跟着伟大的摄影师米诺·怀特（Minor White）学习过。怀特让学生花一整个下午，在外面寻找自己觉得对劲的地点，坐下来，冥想，直到这个地点允许他们照相，然后只照一张。这和用手机不断地一直照一直照很不同。想想看那个深度，慢慢地进入与专注。你和你看到的事物，和你的环境，合而为一。

十年前，我在咖啡馆有另一个练习。确切的地点是明尼苏达州圣保罗市（St.Paul）格兰大街上的面包与巧克力店里。整整六个月，每周两三次，每天不同的时间，大部分是下午店里无人时，点一杯用高纸杯装的热茶，在桌前举至眼前，就坐在那边至少四十分钟。茶只是伪装，我其实是在咖啡店里静坐冥想，吸气，呼气，在社会中练习。时间一到，我买一片热的碎巧克力饼干，刚烤好的，慢慢地吃，每次一小口。

现在很多人失业，好好运用这段找不到工作的时间，切入担忧之中，花些时间练习，以后你可能回想到这段时间，心里充满感恩。

这个练习包括你的环境，即使是忙碌的咖啡馆，也能让你觉得宁静扎根。练习时，我们不应该期待有所回报与获得。然而，做这个咖啡馆练习时，你至少几乎确定，会得到自己。还有什么比这更好的吗？你是你，不是任何别人。不是伊丽莎白女王、凯思·理查德兹（Keith Richards）或那个发明脸书的年轻人，甚至不是大威廉姆斯（Venus Williams）或麦当娜，你看你有多幸运！

No.25

用简短的语句记录回忆

（译按：原文为 Six-Word Memoirs，只用六个英文字组成句子，中文不太可能总是以六个字成句，故译为“短句回忆录”）

我们要如何避免让练习睡着了呢？我刚刚听到一个学生说，她过去几年都在写一本很复杂的书，部分是一位艺术家的传记，部分是她自己的回忆录，决心今年写完。这是很好的想法，但要小心，你的书写可能僵化，没有空气、没有呼吸、没有乐趣。（我注意到了，最近提到练习时，我经常用到“乐趣”这个词，是的，正向定义的乐趣：玩耍与整合的感觉，世界成为它应该的样子，完整无缺而健全。）

她说她觉得现在写得拖泥带水。这是迹象，她应该改弦易辙了，或者，至少放松一点。

至于我呢，有时候我会让身边的事物告诉我，例如，手边的鸡肉三明治（也喂养了我），或桌上的一杯水，或我从书架上抓的一本书——《非我计划：六字回忆录》，《史密斯》（*Smith*）杂志的文集。是的，这本书的书名已经告诉你该做什么了。

某个十月的下午，我用这个点子重新活化写作低潮。那是个星期三，避静写作营的第二个整天，学生安顿好了，开始听到自己批判的声音，说，你在这里做什么？他们旅行了这么远，抵达道斯镇，参加写作营，一开始的兴奋和期待已经过去了。“我们来写些六个（英文）字的回忆录吧。”学生的头都扬高了，好像我用冰水泼了他们，“你们有五分钟，不要想，写好几句，看看你最喜欢哪一句。”

以下是他们写的部分句子：

从未有人听过我唱歌

好像似乎想要啥，哇

需要修缮：不可近观

你无法带着我一起走

二十四个住址之后，还是没有家

布鲁克林女孩成就不小：父母大吃一惊

亲爱的艾琵：免费咨询，通常非我所愿［译按：“亲爱的艾琵”（Dear Abbie）是美国著名的报纸咨询专栏］

卖车，不包括轮胎

定时炸弹需要英俊的炸弹专家解除引信

这艘船要航向何方？

数学世家里的心灵修行者

带刺的铁丝网刺激了我的美国热血

他圆滚滚的臀部让我流口水

孩子抬头看，尖叫

再见，谢谢你的关爱

半部回忆录：噢，可怜的我

你有你自己的独特之美

对父亲说谎，现在对自己说谎

报纸为何要消失？

母狗、善心人士、种族歧视、恐同、美貌、母亲懒惰或疲惫：有关系吗？

嫁给犹太教士，仍是女性主义者

金钱是控制的通货

以前叫残废，现在叫残障，一直都是人

言行都像真正的人

眼斜脚歪，但很聪明

猫、狗、情人、孩子、更多狗

我总是在改变主意

祖母未受教育，孙女无限可能

有时候，我们用了太多字，太努力了，因此感到困惑，我们真正想说的话被遮住了。现在，桑卓拉，回到你正在写的书，可以有一章全是活泼生动的短句放在一起吗？你可以用全新的角度继续努力书写吗？

No.26

有些事“年纪”会教给你

有些人提出问题，有些人回答。

——卓拉·尼尔·赫斯特（Zora Neale Hurston）

最近一次的一年性避静写作营里，至少有五位年过七十的女性。我们都认为七十岁、七十三岁、七十七岁会如何如何，但事实上我们根本不知道。这些女人可以告诉我们，每个人的经验都不同。我们需要倾听，如果我们运气好，有一天，我们也会活到那个年纪。

第一天早上，一位七十八岁的学员弯身穿鞋时，臀部脱臼了。救护车来了，医生用力把她的臀部放回原来的位置，到了晚上她才回到房间。这个经验挺糟的，我以为她会想打包回家了，但去探望她时，她已经迫不及待地想要开始。

“我不要缺席。”她强烈表达意愿，手上拿着笔和笔记本。

我看着她在零下的温度中，碎步走过结冰的路面。每一堂课都准时出席。

班上也有一位二十八岁的年轻女性，她在硅谷从事电脑相关工作。我也曾经二十八岁过，但我当时的人生和她的迥然不同，那时还没有电脑呢。我们需要让她来告诉我们，二〇一一年，以她的年纪，人生是何光景。

另一位女学员刚过四十，住在布鲁克林；一位学员五十岁，有个九岁的女儿，住在得州的奥斯汀（Austin）；另一位六十四岁，嫁给亚特兰大的医生；一位四十七岁，住在佐治亚州（Georgia）的雅典（Athens）；一位六十二岁，来自迈阿密：另一位五十八岁，住在墨西哥的某个小镇上。

重点是，每个人的年纪和时代都不同，我的四十五岁和你的四十五岁不同，当你细看，没有两个人的人生会是一样的。想想看，你住的城镇里所有的人，然后想想州、国家，国与国之间。我们有太多假设了，他们是法国人，他们是中国人，然后就不再继续思考了。奇妙呀奇妙，别再假设任何事情，要注意去看，去听。

分享你的故事，但不是一说再说、老掉牙的那种模式。让内在安静下来，告诉我们，就像你从未听过这个故事，像是新的发现似的。

然后想象你的故事结束了，把它丢在一旁：你的父母的故事也消失了，结束了。快快快，不要思考，在你父母出生之前，你原本的样貌是什么？

在止语写作营里，我叫学生闭嘴（有时我会试着比较有礼貌），我哄他们说，在字句背后，没有话语，我们必须懂得静默。

冥想时，任何动静的背后都是寂静的。我们也必须懂得这一点。

我们的故事背后，没有故事。我们要如何找到它呢？在我们被创造出来，在开始给这个世界惹麻烦之前，我们原本的面貌是什么样子呢？

我有一位多年好友，有可能因为心脏病过世。他正在生死边缘，一边是形体，另一边是空无，生命的背后是死亡，但若非有了生命，死亡无法存在。帮帮我。当他走在陡峭的山脊上时，我能跟他说些什么？

可以是这个，也可以是那个。我们可以在流沙上书写吗？我们可以站在海浪上吗？我们到底有多老？告诉我。

另一位七十多岁——七十三岁——的学员感冒了，写作营进行到一

半时，她的心跳忽然快到吓人。

“医院在哪儿？”晚上十点，她的朋友冲到接待大厅问。

很幸运地，我正坐在那边，我太累了，正懒得起身走到颇远的住处。我坐在绿色椅子里发呆，翻着一本讲道斯镇附近山路的书。

我猛然抬头，要如何解释方向？天黑了，山城到处都是弯路，看不清楚街道名字，此刻，我反正也记不得这些街名了。“跟我来，我去开车。”

路挺远，我们开得超快，到了急诊室门口，马上闯了进去。

“别管那些琐事。”我对挂号处的人员吼着，“她需要帮助！”他们要她的出生年月、保险、住址、亲人资料等理性的东西。

“纳塔莉，安静下来。”她回到电脑键盘前。

噢，我忘了，我已经在这里住了二十年，她认识我。我安静下来，让她继续标准流程。这位学生叫作仁，在医院住了四晚，心脏没问题，但一直发烧，医生也不知道为什么。写作营于周六中午结束，她星期天出院。朋友载她去圣塔菲的旅馆，她本来计划在圣塔菲看看艺术品的。她的女儿从丹佛飞来照顾她，等她恢复一些，她们会一起飞回她居住的加州。

仁是我的长期学生。她们离开的前一晚，我邀请她和她女儿过来吃晚饭。我从未见过这个女儿伊丽莎白，但我知道，多年来她已进出戒毒中心好几次了。她现在接近五十岁了，已经戒毒一年半，似乎有彻底转变的迹象。令人愉快的是，我们三个可以公开地谈论这一切，吃着煮过头的米饭，还不错的白鲑鱼和甘蓝菜，自由的气息弥漫在那晚，直到隔天。第二天早上，仁打电话给我，谢谢我的招待，我说：“你还有一个早上，飞机中午才飞，要不要我现在过去接你，带你去盒子画廊？我在那边看到一些海景画，考虑要买下来。”

我到的时候，伊丽莎白问是否可以跟着去，然后坐进了后座。在画廊里，伊丽莎白立刻看到了我以前从没注意到的四张小幅海景画，天空阴晴不定，海浪澎湃，她是对的，这些是画廊里最好的几幅。我心里想，明天回来买这些画，但是伊丽莎白已经下手买了，“这些画会让我想搬到加州，亲近我妈妈。”

我感到晕眩，然后意识到，如果不是她指出来，我根本不会注意到这几幅画，她买画等于帮我省了钱。我不再合理化这一切，而是单纯地为她高兴。我载她们回到旅馆，站在停车场，三个人都很高兴。我看着多年来一直努力试图抽离女儿吸毒现实的仁，正享受着她们之间的联结，我从未看过她如此快乐。

我开车离开时，我认为她的避静书写终于完整了。我们都认为这一周应该怎么过，但世事难料，若只用理性思考，会觉得错过课程了，感冒了，住院了，错过了完整的经验。但有时候，我们会被带到时间表的外面，带到计划之外，我记得自己去参加一个寺院的百日禅修会，才第一个星期，一个女学员就生病了，接下来的三个月几乎都躺在床上。但是到了结束的时候，她明白了，这就是她的禅修会。我们整装离开时，她显得颇为满足。

世界很大。人类，如果幸运的话，可以活很多年。没有人能够预料这些年会怎么过，没有人能够开十年期限的处方笺。我二十岁时认为，一个人到了三十岁必须成功，否则就没希望了；三十岁时，我告诉自己，四十岁才是分水岭；我也以为爱情只出现在二十多岁时，六十岁就太老了。结果，这些想法通通都错了。

No.27

“二选一”之外你要知道的第三件事

应该做这件事，或那件事？我们常常在两件事情之间犹豫不定，但二选一其实不是选择，而是对错之间的斗争。当两个极端选项出现，我们就卡住了，通常任何一个选择都不好，也不坏，但我们将之两极化，苦于无法做出选择。我们想要说，就是这个了，再也不用考虑了，然后内在会有个声音一直在唠叨，不，不是这个，因此又再度陷入两难。

僵持可以延续多年。

所以，我们需要“第三件事情”，让我们得以踏出两难的局面。虽然我们还没意识到，但前两个选择的能量，已灌溉了第三件事情的可能性。因此，不要绝望，正是因为我们挣扎，才有了新的可能。一开始，因为我们的人性、努力、渴望、在意，让我们陷入两难，但请注意，此时别安放一个良善的想法来抚平挣扎，要让它保持活跃与原真。

而后出现的第三件事情会是独特的、个人的，而且真实，它必然如此，因为它会从根本改变某些状况。

不要油嘴滑舌地把一切都称之为第三件事情。我跟学生说到这个观念时，他们一开始就是这么做的，“对，对，我知道。我在寻找第三件事情。”

留一点空间，让新鲜事物得以浮现，通常不会隔夜就出现，所以我们必须保持觉知，拥抱冲突与等待。这是一种训练，训练我们不要太快采取行动，让一切沉淀，当我们等待解决之道时，冲突的脉络正在表象之下编织些什么呢！所以，要有耐性。

六月初，一年性的避静写作营在马贝儿·道奇重新聚首，沿着道斯镇河沟，春风仍然疯狂地吹着黄槿枝丫，我们轮流说出一件生命中的重要冲突。所有的冲突听起来都很熟悉、真实，但其中有两个冲突特别撕裂了我的心：茱蒂说她是很有经验的金融顾问专家，协助过许多家庭整理非常复杂的财务状况，她做这个工作已经三十年，在这个行业很知名，但是，她自己家庭的财务状况却一塌糊涂，完全无法整理。她对这个状况感到非常羞耻。

另一位女性很年轻，从一个充斥不公不义和极端迫害的社会移民到美国。她积极参与激进的社会政治活动。她的冲突来自于她对全球各地武装革命的同情和她练习禅法感受到的大爱。

我看着她说："第三件事情可能可以真正解决这个冲突。"

她笑了一下，但是嘴角并未扬起。

我没有答案，没有魔法般的第三件事情足以解决她们的冲突。"让我们书写十分钟，进一步探索你的冲突。如果你要的话，探索极端，以便找到中庸之道。"结束时，我告诉她们，"现在放一放。"我摇铃三次，我们静坐三十分钟。

学生继续练习……在季节性的写作营之间，在家里书写、个别静坐、慢走。

六个月后，下一次的聚会中，茱蒂说她在地方报纸上写了一篇文章，描述她家庭的金融危机。她不想再隐瞒了，但她也非常害怕客户读了这篇文章之后，不会再找她咨询。结果，这篇文章得到许多正面的回响，报纸都印出来了，读者说他们了解她的问题，她能够如实承认，实在是非常勇敢，在此财务困窘的时刻，他们非常欣赏她的诚实。这件事情鼓舞了她，因此写了更多文章，进一步揭露财务困境。当坐在禅修中心一角告诉我们这一切时，她脸上发光。

我说："茱蒂，这就是你的第三件事情——进入你的恐惧。"她的第三件事情就是她采取的行动：书写。或许正因为我教导书写，我当初才无法看到这一点，因为太明显了。

"九一一"事件刚刚发生时，我在卡兹奇山（Catskills Mountains）的禅山寺院（Zen Mountain Temple）禅修会里首次遇到朵萝蒂。她从布鲁克林搭火车来，在班上不停地哭。我从没问她为何而哭，为了纽约的痛苦和受难吗？为了在修道院找到保护和放松吗？从此以后，她一直跟着我学习书写。

"九一一"事件过去十年后的一次写作营里，十一月的星期五下午休息时间，我们打破一周来的静默，她在禅修中心里宣布，她写下了小说初稿的最后几句话。

"哇，我们都不知道你在写小说，有问题要问你。"我说，"是关于什么主题呢？"

她挥挥手："在菲律宾，一位极受欢迎的选美皇后成为自由的象征。"

"书的架构是怎样的呢？"我问，试探着她。

她的眼睛为之一亮："当我读福克纳（Faulkner）的《我弥留之际》（*As I Lay Dying*）时，我就知道我找到我要的架构了。"

我们发现，她已经写了好几年了，她的小说为她冲突的两极性找出了很有创意的第三个行动。书写可以具有革命性，而朵萝蒂，一直在积极地努力创造第三件事情，这次，书写也成了解答。

六月，我们轮流分享自己生命中的冲突时，我告诉大家，我爱道斯镇，我也爱明尼亚波利，但二者如此相反，我被这两个地方撕扯着。接着，我们书写，我发现，道斯镇的野外、山岭、泥土路、有裂纹的泥巴屋子（我曾经住过一阵子印第安帐篷），让我拥有了深刻的觉知经验。这片土地对我的内在改变做出了回响和支持。

住在中西部时，我遇到片桐大忍禅师，找到了适合的语言和结构来让我的觉知扎根，以便传承。我发现，禅修中心明尼亚波利井然有序的街道、人行道和一片片方形的草地，都给了我对结构的领略。

我的第三件事情就是圣塔菲。我住在这里至今有六年了，常有人问我为什么选择住在这里。其实，圣塔菲是道斯镇和明尼亚波利之间的解决之道。圣塔菲有山，也有秩序。我对圣塔菲不像我对道斯镇或明尼亚波利那样的热情，因此生活更为宁静。

避静写作营于星期六结束，星期日我已经回到圣塔菲，经过一间开放参观的房子，房主想卖房子。我走进前门，哇，太现代了，我已经知道我不喜欢这栋房子，可是，有时候他们会准备刚出炉的巧克力碎片饼干吸引顾客，让我走了进去，看看长廊，然后直接去找到房子主人，下了定金。我知道这就是我要的房子了。

要知道，我并不冲动。我在道斯镇时完全使用太阳能，二十年来所有的电力和热源都来自太阳。在圣塔菲住的这六年里，每次我去看房子，都觉得像瓦斯大户，毫不利用新墨西哥州取之不尽的阳光。这些年“参观”房子的经验让我清楚地知道我要的房子长什么样子。这个现代风格的房子采光很好，面对南方，有水泥地板吸收阳光，后院有堆肥桶，可以走路到城里，就在禅修中心对面。我可以听到早上敲木鱼要学生去坐禅的声音。

黄昏时，我已经签了字，第三个地方的一间房子在此时成为了第三件事情。你看到了吗？第三件事情不是快速地结果，它演化了很久，久到我没有觉察它的发展，但是它是一直在发展着的。知道存在第三件事情的可能性是很重要的，这会让我们不再被卡住，退后一步，喘息一下，

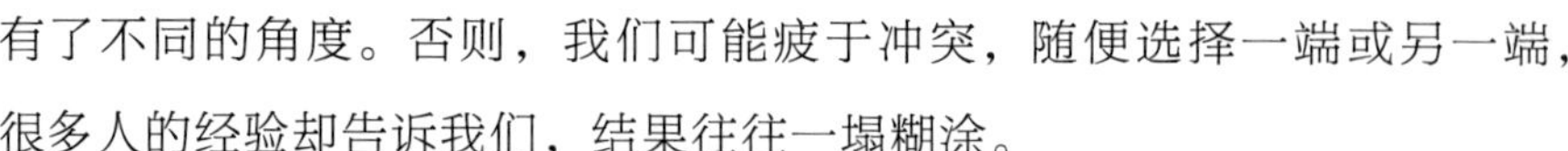

有了不同的角度。否则，我们可能疲于冲突，随便选择一端或另一端，很多人的经验却告诉我们，结果往往一塌糊涂。

物理学家摩谢·费登奎斯（Moshe Fledenkrais）是柔道黑带，创造了整合身体和动作的一套方法。他住在俄国的时候，俄国经常有大大小小的战争，到处都看得到巨大苦难。他年轻时想要从军救国，也曾考虑参政。但他跟自己说，二选一不是选择。十四岁时（如果你住在有重大冲突的地方，你会早熟），他找到了他的第三件事情：他离开俄国，走了六个月，穿越欧洲，到了巴勒斯坦。这样做，解决了年轻摩谢的问题吗？身为四十年代的年轻犹太男孩，为以色列建国的想法提供了希望和伟大的可能性。

我们应当记得，人生总是会遇到黑暗和光明，找到可靠的安全岛屿并永远抓紧，只是幻想。这种幻想会让我们惹上麻烦的，我们抓住一件事情，然后盲目遵从，或是在两个选择之间挣扎不已，以为二者之一最后会胜出。

你的深沉的冲突是什么呢？你被什么的两端拉过来扯过去呢？有哪件事情让你不断挣扎却毫无结果？

写下它的两极性，但不要试图得出结论。

出去慢慢走一走。让光线、树木、建筑的细节充盈你，让世界回到你身边，把冲突深深植入内心，用身边的一切滋养它。

静坐，感觉生而为人的美好。这个冲突是你往前迈入当下的基础。如果天气很热，就让它热，不要逃到冷气房去，它是这样，就让它这样，新的东西将会诞生。

No.28

“驱动力”源自哪里

我在科罗拉多州爬山时迷路了，天快要下雨，脑子漫不经心地计划着和凯蒂·阿诺做一整天的慢走和书写工作坊。凯蒂将近四十岁，身体非常勇健，全身没有一块多余的脂肪，她曾经背着九公斤的一岁孩子爬上海拔四千米的高山，那时她的丈夫则是背着十五公斤的大女儿同行。我们的一日工作坊不打算做这么激烈的运动，可能去圣塔菲城外几公里处的草原走走，那里坡度很平缓，或许，也可能去城镇西边的代阿布洛峡谷，那里很戏剧性，非常美丽，但很温和。

我真的迷路了，脑子和山路都是。雨水像小河似的流下山径，我没带雨衣，但不在乎，只不过是水嘛，而且我还看得到山下的乌雷镇，最后一定会找到路的。我在想的是，凯蒂懂得很多我永远不会懂的登山知识（是的，一定要带雨衣，但是她不强制，我也不想知道实际操作的知识）。如果我们都在城里，每周二早上会一起爬山，但我从未问过她这些问题，从未问过她知道些什么。我在累积能量，想教工作坊的学生发展好奇心，而不是盲目接受——凯蒂是很棒的爬山专家——我要他们渴望了解，渴望联结，在大脑灰质里创造更多皱褶，更具有看透事物表象的倾向，否则，我们要如何书写呢？表象完全不够：凯蒂很瘦，她带着我们走，很好玩，在大自然里走走是很棒的。

我们要提出一个让凯蒂思考的问题：什么是你的动力？跟我们说说

你首次感到内在对山岳的饥渴苏醒了过来的感受是什么？你因此和你丈夫产生联结吗？你害怕有了孩子会拖累你吗？

我听起来会不会太多管闲事？我能说什么呢？作家就是爱多管闲事啊！事情是如何发生的？底层的驱动力是什么？

这个问题很好。像你这样的运动员，为什么会愿意每周二上午，和比你大了二十三岁的纳塔莉这种爱做梦的人一起爬山呢？这样问会不会很糟糕？不？作家要说实话。

当然，我可以猜测。其中一个原因可能是因为凯蒂是个很慷慨的人。但有时候不要做假设比较好。提出问题，倾听答案。

请不要忘了问关于环境的细节。前面那丛灌木叫什么？那排破石头呢？渴望求知并吸收一切。在我们的社会里，我们经常问一些没有意义的问题，就只是为了塞满空乏，期待一切都有名字。最重要的是要专注，深沉的专注。

困惑来了，这是发展作家心态的陷阱。脑子可能被卡住，并往黑暗面去。精明、有分辨心是很好的，但我们不要接受表面意义，而要训练自己明白事物真相，包括愿意看到堕落、背叛、贪婪、歪歪扭扭的世界。但是，穿越表层状态也可能造成愤世嫉俗的态度，即使是很单纯的散步也可能变成批评诽谤。前面是什么声音？噢，不，沙滩车与三个十岁孩子，正在破坏环境，他们为什么不移动身体？这些思绪可以一直往下延伸，最后，作家可能变成意见成堆又尖酸刻薄的人，无法忍受人性。

比尔·莫耶斯（Bill Moyers）最近在国家公立广播台（National Public Radio）说到这一点。他说他靠着意志力，无论如何都不让自己变得愤世嫉俗。

建立静坐的习惯会有帮助，创造出一个空间，和心联结，在无常、无我与归零的智慧里深耕自己，不然，世界的苦难令人无法承受，我们会因此变得麻木不仁，或一直感到愤怒。

菲利普·古里维奇（Philip Gourevitch）写了《我们想告知你，我们和我们的家人明天将被杀害：卢旺达的故事》。他不断地回到卢旺达，了解图西人（Tutsis）大肆屠杀胡图人（Hutus）的动态，并且精确地传播消息，好让世人了解。他仍在持续写作，报道卢旺达的和平进展与其复杂性。

我读了他的书以后，主动打电话给《巴黎评论》(*The Paris Review*)。他在那边担任编辑，而我不期待能够接通，但是才一会儿，我们就连上线了。

他说："喂？"

"我刚读完你的书。谢谢你的努力。"

另一端陷入静默。我觉得自己好蠢。"嗯，我打来就是要说这个。"

我们挂断电话。

我没做好准备。我应该问他，是什么让他持续不懈。

在书里，他说他的家庭是纳粹大屠杀的幸存者，因此怀抱着"再也不能发生这种惨事"的决心。如果我们希望惨事不要一再发生，我们必须先了解其结构，愿意深入研究，在接近的同时，不被燃烧殆尽。

我们逃避的一切将使我们堕落扭曲，我们总是扭曲地逃离。书写会透露出端倪，静坐和慢走也会。

如果我们真的彼此联结，那么，无论我们逃避什么，我们都是在逃避自己。我们说非洲是黑暗大陆，那是因为我们投射了自身的黑暗，我们掠夺、殖民、强暴了非洲，然后我们说，一切都是他们的错。

最近的一年性"真正的秘密"避静写作营的学生对某些指定阅读很有意见：《我们想告知你，我们和我们的家人明天将被杀害：卢旺达的故事》、描述第二次世界大战日本战俘营的《利奥波德国王的鬼魂》(*King*

Leopold's Ghost)、一位移民加州的菲律宾男人的回忆录、两本关于纳粹屠杀犹太人的书。但是当我们阅读并讨论这些书时，我们的理解变得非常解放，有活力。我们更为活跃敏锐，不再将恐惧埋藏在潜意识里；恐惧站了出来，就在我们眼前，我可以看到它，认养它。

西蒙·波伏娃在《第二性》(*The Second Sex*)里写道，为了创作，我们必须深深地扎根，而不是活在边缘——社会上大部分女人的处境。活力来自于身处核心，对于发生的一切保持清醒。

静坐时，和你的恐惧相处，直到你消化它、了解它、不再与它隔离，于是你心里的爱得以打开。这过程并不容易，但是有益。毕竟，我们不是独自存在的个体，海那一头的希腊经济崩溃，美国的经济也为之震动：索马里(Somalia)或刚果(Congo)的不公不义和虐杀，也削弱了整体人性：你住的城市发生了杀人事件，街坊邻居都感受到了恐惧的涟漪，还感到羞耻，让人们无法双眼直视彼此。

这是真的，我们都知道。

禅师柏尼·葛莱斯门有个练习叫作"承担见证"(Bearing Witness)。你进入一个很困难、很复杂的状况，什么都不知道，没有既定的想法或意见，只能感觉、倾听、活在当下、成为其中的一分子。不带批判的心态能让你定位，以找到协助改变现况的方法。不是因为你需要让事情变得更好，才让你感觉良好；也不是为了消除你自己的恐惧，而使你在空虚的状态下行动。你把自己拿开，不再挡路。

葛莱斯门曾经带五日禅的学生到奥斯威辛集中营、卢旺达，露宿纽约街头、走进监狱。他明白，人们受难的地方也是疗愈的地方，但我们必须先见证那里的苦难。常常，照护者、和平工作者、作家等人士，一开始工作时充满深刻的关怀，但很快地，关怀变成无感，因为他们无法承担痛苦。有时候，我们不断行动，好像得辛苦努力，才能找到心里的宁静，但是，我们可能只是在掩饰自己的逃避和麻痹，因为已经承受不住现实。即使是自我憎恶，都可能只是防卫机制，以避免感受到现实，因此，我们需要学习慈悲，对服务对象慈悲，也对我们自己慈悲。这个精神元素可以支持我们的工作，让它得以长长久久。

压力太大或失去联结时，我喜欢重述以下这段美好的祈祷词：

愿我快乐

愿我和平

愿我自由

愿我拥有轻缓舒适的安康

愿我安全

愿我健康

以传统做法而言，你需要将祈祷回向给别人以及世界。但我发现，只要我真心感觉祈祷词在我体内散播，很自然地就会延伸出去，回向给他人和世界万物。你可以将祈祷词缩短成：快乐、和平、自由、轻松、安全、健康。没有主词受词，就没有给予也没有接受。

No.29

尾声：归于平静

一整周的“真正的秘密”避静写作营进行到最后一个早晨了，我们都很安静。

通常，静坐的时候，我会鼓励学生用呼吸安定自己的意识。“无论你在想什么，无论你的脑子跑到哪里去了，抛下那些，回到呼吸。”

避静写作营的整个星期里，我一直告诉他们，脑子会乱跑，没关系。这很正常，我们的练习就是要不断地回来，不要相信每一个思绪，不要让这些思绪带你离开当下。回到呼吸的动作、回到当下，每一次都会让意识更为强韧，更为有力。

但是这个早晨，我们好像变得太安静了，我们在呼吸中休息了起来，好像躺在豪华沙发里似的。喜鹊的叫声、汽车的引擎声、狗的吠叫声，太阳从云层间露出脸来，木质地板上突然出现了温柔的光影，我们甚至可以感觉到光秃秃的白杨枝丫搔着天空。当然，白杨不在屋里，但我们和万物一同静坐，处在宇宙核心。

我轻轻地说：“放下。”没别的指示。整个房间好像塌了，塌到底了，塌到了意识的底层。

“放下指的是什么呢？”我们正在静坐，我打断大家，“好，让我们停一会儿，拿出笔记本。一个人若要处于当下，必须放下些什么？通通列出来。例如，你的身份认同——国家、年纪、性别。”

他们吓了一跳。我打破静默，给他们作业，没有事先摇铃两次表示结束静坐。我也吃了一惊。但是大家都写了起来，然后我们轮流念出清单。

竞赛 / 宗教 / 州

工作 / 希望事情改变 / 历史

文化 / 等待 / 成功

正确 / 好的或糟糕的作者 / 金钱

愤怒 / 要留或不留什么 / 饥饿

希望 / 努力 / 需要

依附关系 / 离开 / 死亡

形象

每个人都轮流过一次之后，感觉上，我们一定已经说出所有的事物了，我们再轮一次，很惊讶地发现还有许多。

热心 / 欲望悔恨 / 羡慕

抗拒 / 兴奋 / 时间

观念 / 期待 / 背叛

团体动力 / 痴迷 / 我是否拥有足够

判断 / 信念 / 地位

失望 / 二元性 / 恐惧

人际关系 / 坐的时候，身体打直

“我们继续静坐。我们可以抛下这些负担吗？”我摇铃三次，希望终止这吓人的刺激，重新开始静坐。

很难回到那么深沉的安静。我们很兴奋。意见，我们刚刚没提到“意见”。这次静坐感觉到的不是巨大的、打开的空无，而是感受到我们所建立的各种限制，逼着我们到角落。我们创造了各种限制来形成自我，包括我们的名字也是。倒不是说，我们应该取消这一切，没有绰号，没有来自何处，也没有要去哪儿，但这不就是我们存在的真实状况吗？我们到底是谁？我从美国来。这句话的真正意义是什么？从五十个州来吗？

我们谈的是自由。我们无法背弃自己的身份，但或许我们可以让它轻盈一点，不要这么沉重。

当我们坐下，试图放下，我们可以让呼吸的气息穿越这些褊狭，充盈腹部。想一想：当我们闭上眼睛吸气，我们还有大学学历吗？

避静写作营的那周，世界如此明净，冬天将至，户外生气勃勃，我们也显得有活力。白天短了，夜晚长了，干干的野草发出摩擦的声音，脸上觉得冷冷的，鼻子痒痒的，闻到松子燃烧的味道。二十分钟后，我摇铃。“冬天应该也在单子上，也该放下它吧？”

我们决定，或许，该放掉的是冬季的概念，而不是实际的经验。

我们开始在室内慢走，一步接着一步，走到户外，光着脚在冰冷的石板走廊上走，走到被太阳照暖的木质坡道，走到了院子里，让阳光和寒气洒在我们身上。

我喊：“站住别动。”

我们都双脚合并，双手放在身侧。平常我们很少让自己就这样站着。

呼吸了三次，我们踏出左脚，开始慢慢走回原先的室内。

我说：“好，现在我们讨论个人特定议题。你需要放下什么？开始。十分钟。看看冒出些什么。”

我必须放下肉桂、咖喱、红辣椒、褪黑激素、蓝莓、海洋、记忆里穿着蓝色游泳裤的父亲、沙滩上的脚印、碎石路的味道、蜡纸包着的鸡肉三明治、一瓶百事可乐在唇边时头往后仰、有纱窗围绕的长廊但油漆剥落的白色建筑、下午的长影和前额黏住的湿头发。果酱的味道、黑莓的蔓藤、一只叫作蓬蓬的狗。涂了芥末酱的白面包做的意大利香肠三明治、有蕾丝的窗帘、我的祖父脱了上衣割草。我必须放下过去的紫藤草丛、绿色车库、车道、街道、山丘、人行道、转角口、一丛野草、黄色的空气、牙齿中间夹着的开心果的果核、我的莉尔阿姨、肯尼、蕾阿姨和山姆叔叔。希望天黑前到家、祖父抽屉里的幸运一分钱币、穿着粉红格子衣服和厚重鞋子的祖母。

我们没有提到放下回忆，即使是甜美的回忆。不是因为那不好，但静坐时就只是静坐。不是回到路易斯安那（Louisiana）、夏天、清凉的冷饮。书写的时候再来回忆那些，把自己留给当下的种种与奇妙，不要错过了。

现在，亲爱的读者，忘记我们在那个十二月早晨写的单子。坐下，写你自己的单子，列出各种不知不觉间背在肩膀上的结构，各种早已经进入你体内的立场与态度，无论真伪。不要担心你的单子里也出现了以上列出的项目，如果它们冒了出来，那就是你也要放下的。

现在，坐在一个有阳光的地方，或一个温暖的地方，或一棵树下，或沉浸在原地。深吸一口气，穿越这一切，成为纯粹的存有。放下，享受自己，很可能，你现在感觉如此温和，不太会写出很个人的项目。

其他的时候，不管是等一下，今天晚上，明天，或一周后，去另一个层次，个人化的层次，坐下，不再只是写清单了，直接做书写练习，不要停手，看看你能放下些什么？你背负了什么？写二十分钟，要诚实。一面写，一面跟随着冒出来的奇怪想法、扭曲回忆、肤浅直觉或遥远色彩，它们将带着你，将你的心智擦得更亮。

回头看看自己的肩膀，没有任何东西。我们把那些都内化了。

第四部分

与书写老师的相遇

我发誓唤醒世界上的人

我发誓让无尽的心痛安宁

我发誓走进所有的智慧之门

我发誓用伟大的作家的方式生活

——《四句无极誓言》

稍作修改

乔安·萨德兰德（Joan Sutherland）和

约翰·塔伦特（John Tarrant）原译

No.30

他们的名字叫老师

亲爱的读者，你知道小林一茶（Issa）吗？伟大的日本俳句作家，他两岁的时候，母亲就过世了。六岁时，他写了第一首诗（译按：此处诗为英文中译）：

噢，无母的燕子
来，跟我玩
在这首诗里，你听到了什么？举手。
慈悲，对
哀伤，对
玩耍，对
还有呢？
寂寞，对
空虚，对
想要联结，对
善良，对

这样的诗让师生一起延伸视野。

大约二十七年前，二十位书写学生从圣塔菲飞到明尼亚波利，在城外几小时车程处的一个寺院里跟着我学习。一位刚强、好问、有冲劲的学生很有远见，事先打电话约见当时仍在世的片桐大忍禅师，好在我们开车抵达前，她可以先和禅师会面。

第二天，我问她："昨天和禅师谈得如何？"

"没什么，"她耸耸肩膀说，"我去了，问他：'禅是什么？'"

"他在书房，盘腿坐在矮桌旁。他拿起一本书。'你可以这样放下一本书……'他随意地把书丢在桌上。"她用手做出动作给我看，"'……或是这样放下。'他留心地把书好好放在桌上。'第二种方式就是禅。'然后他鞠躬，会谈结束。"她又耸耸肩膀，嘴角往下。

片桐禅师没有浪费时间。她也许听懂了，也许没有。

每个人都想从老师那里得到什么，但是往往在多年之后才明白其中的道理。如果我们够幸运，最终都会明白的。片桐禅师曾说，那个简单的练习就是禅的目标，每一个时刻，对每一个存有都怀抱慈悲，他指的存有不只是猫、狗和人类，也包括地板、天花板、墙壁、鞋子、树、苹果、杯子、灯，延伸到生活中的一切。

即使是我的衣服：无论多晚了，无论我多累了，我就是不能躺下就睡，我必须先把衣服折好、放好，就算我其实不那么在乎衣服，但我的意见不重要，避静写作营的一个学生就把折衣服当作自己的练习之一，因为她常把衣服到处乱丢。喜欢这个、不喜欢那个，我们总是批判着，但伟大的道路没什么不同，就只是不要再挑来挑去（大约公元六〇〇年，第三位禅宗大师说的）。练习的血液流过我们生命，进而超越，我可以想象，等我死了以后，还在折衣服，折衣服不会静止或永恒，但是不会停。

一个十年前认识的学生突然出现在另一个班上的前排，当然，他不是米雪尔本人，而是某位手势相似、歪头的方式相似的人。我们能够持续，或不持续地，走在那条细细的、区别了改变和延续的界限吗？并且，在此波动中心怀感恩，却不抓住它吗？感恩就像给关节加点油，让我们得以放手，同时停下来，明白我们接受了什么。感恩是人类发展最高阶、最成熟的情绪了。

有老师很好。我每次听到大家批评教学和学校时，就觉得哀伤。我的童年家庭虽然乱七八糟，但我还是从点名、桌子排整齐、被一堂堂的课所切分的一块块时间，以及上课与下课的钟声之中，学到了秩序。这和禅修没什么不同，也有很多人是在军队里学习秩序的。

在古代的中国，老师是最为尊贵的职业，即便当商人崛起，拥有财富，一般人还是不看重商人。有一位老师，贫穷，穿着破烂，却拥有很高的社会地位，他的内在怀抱着真正的慷慨和关怀，贫穷的他，为了分享和传授学问奉献一生，让社会因此更为丰足。

老师教我们阅读、书写、做数学。拿起工具——笔、键盘——形成文字，都是非常简单但基本的技能。谢谢您，米勒老师、麦奇老师、史奈德老师、柏斯特老师、伯克老师，许许多多的教导成就了今天的我们。

六年级时的诺兰老师在一排排的学生间走来走去，每次经过我的位子时，都会被我的书包绊到。他每天都穿套旧灰色西装，从没有叫我把书包挪动，而我也从不挪开它。即便到了现在，我还可以看见他挺直的鼻梁，笔直的黑发，他绊了一跤，直起身，打断的不是我的专注学习，而是我和隔壁女生的窃窃私语。那女生的名字是什么？短短的金发，没有父亲，只有单亲的母亲。对，克莉丝，她现在如何了呢？诺兰老师，谢谢您，我不记得自己学了什么，但那段时间你陪着我长大，那时我才十一岁，快要十二岁，若换个时间、地点，我会把我的褐色假皮书包挪开，你可以好好走路。

No.31

▼

用诗歌的方式描述爱

（译按：在文学术语中，描述诗是通过一系列比喻，详细描述所爱之人，尤其是女性之美的写作手法。）

米莉安在圣塔菲社区大学（Santa Fe Community College）教“描述诗”（Blazon），这是法文诗的一种形式，在诗内列举爱人的优点。

这就是法国人。还有什么比描述爱人的美更重要呢？

学校主任把头伸进教室，说：“学校关闭了，现在，新的州长宣布进入紧急状态，请离开这栋建筑，暖气已经关了，节省能源。”

零下二十二度，零下三十度，我在明尼苏达州和北达科他州的朋友在笑我们了。真是没用，几天酷寒，整个州就垮了，如果打仗了呢？我们根本就没有准备。

学生冲向教室门口，丢下米莉安一个人站在黑板前，“可是，可是……”她叨念着，“我正在教你们很重要的一种诗的形式，关于爱的，还有什么比这更重要？爱可以让你保持温暖。”她对着学生的背影说话，“停下来，停，全班的同学，你们要去哪儿？”但是，他们已经跑光了。

我包得紧紧的去散步，就为了叛逆。我穿了好多层衣服去爬山，心脏狂跳，然后热坏了，必须脱掉帽子和手套。新墨西哥州很穷，不是每个人都买得起这么多衣物的。

我开车回家，听着新闻，心里想，我才不在乎别人说什么。我很确定，文学是最重要的东西。如果没有作家，即使是我从未阅读过的作家，我们要如何是好？我和朋友没有选择肤浅事物作为终身志业，我们并非无足轻重。

来吧，米莉安，跟我说这种诗的形式。

“描述诗”指的是十六世纪开始的一种诗的形式，以前用来夸赞女人，用各种比喻描述她的身体各个部分。从那时开始，这种形式就被用在文学作品中。有名的例子包括莎士比亚（Shakespeare），有趣的是，莎士比亚舍弃了一般常用的老生常谈：

> 我的情人，眼睛完全不像太阳；
> 珊瑚比她的双唇更红；
> 如果雪是白的，为何她的胸脯是褐色的；
> 如果头发是铁丝，她头上长着黑色的铁丝。
> 我看过有皱褶的玫瑰，有白有红，
> 但是我在她脸颊上看不到玫瑰，
> 有些香水很令人愉悦，
> 比我的情人的气息更为芳香。
> 我爱听她说话，但我也知道，
> 音乐较之更为悦耳。
> 我承认从未见过女神走路；
> 我的情人走路时重重踏地。
> 可是，老天爷，我想我的爱极为稀有，
> 任何她拥有过的爱都无法比较。

你不得不爱莎士比亚。他穿越了文学，把爱扎根于大地。他用了既有的形式隐喻，却说了“不”，这是他自身的某种觉醒。

以下几行选自安德烈·布勒东（André Breton）的描述诗《自由结合》（*Free Union*），有点接近清单式的描述，但是很有趣：

我的妻子，头发像灌木失火
思考像夏天的雷电
腰像沙漏
她的腰，就像老虎口中咬住的水獭
她的嘴像明亮的帽徽，气息像最亮的星辰
她的牙齿留下的印记
就像白雪上小老鼠留下的脚印
她的舌头用琥珀和磨光的玻璃做成
她的舌头是刺破了的薄饼
眼睛像会开合的娃娃的舌头
她的舌头是一块惊人的石头

——大卫·安亭（David Antin）翻译

这首诗和诗的标题搭配得很好：自由结合。这个标题允许我们做出狂野的联想，信任心智周边的灵光一闪。这很好，让我们更宽广、更放空。当我们在书写之后，开始静坐冥想时，我们可以很安静。

试着写一首描述诗，很快地写，不用思考。为了米莉安，回到教室书写吧！这个练习让肌肉放松，目标就是写得荒唐、不合逻辑。她比一匹马还大，比山还宽，来我身边，我的小老鼠，沙滩上的碎石，失明者眼中的苹果……

别忘了，在世界某些地方，例如，在亚洲，“存有”指的不只是人类或鸡而已，即便是一张椅子、门柱、弹珠，都有生命，为一本书或前廊阶梯写一首描述诗吧。

让我们留在米莉安的班上，即使暖气已经关了。让我们听她朗读她写的《寡妇的大衣》（*The Widow's Coat*）诗集里面的一首现代描述诗。她在一九九九年写了这本诗集，纪念早逝的丈夫：

我的丈夫留了胡子，贴着戒烟膏药的禅师
我的丈夫站在开启的坟墓前，手上都是泥土
我的丈夫是犹太人，溃疡流着血
我的丈夫是象牙珠子，刻进了头颅
戴着名牌墨镜，超速罚单，整套的寒山画作品集
减重，像集中营的人那么瘦，集中营的新名字叫作结肠炎
其他的名字是日文的水道
名字来自西方的美桐树
本来的名字在埃利斯岛（Ellis Island）改了

（译按：埃利斯岛是战后欧洲移民进入美国的大门，难民在那里接受体检和身价调查，很多犹太人趁此机会改变姓名，以掩藏犹太血统）

我吻他的那天，他开始呕吐
我的丈夫一辈子只买过一双靴子
他掉了十八公斤，他的手腕
让我狂乱，谁蜕变了，鹦鹉或北极熊
我的丈夫游泳不戴眼镜
对着地平线，红色的油船
他站起来，流着生锈的血

他用血写下名字的前缀
他陪我生产
他欠我五十元
他给我一个蘑菇
他移动洒水器
他用雕刻刀刮伤了料理台
他盘腿坐下
他的名字是乌鸦和贫血和其他的秘密
形状像明尼苏达州的内脏
阴影，骷髅，猫头鹰，蛾
黑暗中，坐在贮存的鸡蛋上
城市坐在自己的天际在线
帝国大厦，凯旋门，科伊特塔
世界的曲线用昂贵的电力点燃
这个电力就是我的丈夫

现在，不要再跟跄蹒跚地抱怨天气这么冷了，写一首诗描述吧。你目前没有情人吗？别荒谬了，情人到处都是，转头看看，那个穿着大衣站在街角等着绿灯的年轻男子，就写他。

或是啃着三明治的老妇人，她正坐在人行道上，靠着建筑物基座，用靴子勾着一辆塞满了塑胶袋的购物车，以免被人推走，难道她不是我们珍爱之人吗？我可不是在要浪漫哦，你的关注，和你所列出的关于她的特质，就维系了她的存在，无论是什么状况，都同时将我们和深层的力量联结。暂时忘记政治、意志力的斗争、权力的转移；忘记生产、购物、金钱、股票交易、赛马、飞机、脑科学及科技吧，是什么力量驱动我们？联结我们？让我们不再独自一人？存有的伟大基底打开了，支撑住我们，静坐让我们缔结真正的婚姻，文学则指点了迷津。

你可能会说，伟大的文学总是在描写巨大的苦难。

但那不正是基石吗？就在这儿，承受世界的苦难吧！

去吧，去书写，就像米莉安教你的那样。写一首描述诗，现在就去。我给你十分钟。

好了，静下来。是我在规定时间。

现在，再十分钟：列出二十样你的生命无法或缺的事物。要诚实，你的手机可能是第一项，继续写。

我会写什么呢？完全不思考，立刻想到的？

1. 马桶
2. 另一个人类的肌肤身体
3. 水
4. 巧克力

继续写下去之前，我想要编辑一下、评估一下，因为脑子在大喊：你真是太肤浅了，然后我告诉自己，闭嘴，继续写。我也很好奇，我这个小气巴拉的脑子会冒出什么东西来。

5. 新墨西哥州
6. 纽约
7. 我家
8. 热茶
9. 墙上的画
10. 我的朋友们
11. 字母

我一直想写“马”，我不骑马，我从来没有养过马，但是要信任自己，写下来。

12. 马

13. 书店

14. 咖啡馆和餐厅

15. 犹太食物——煎饼、鸡汤、黑麦面包做的盐腌牛肉三明治

16. 大西洋

17. 我的内在生命

18. 爬山

19. 瑜伽

20. 树

这是一张真实的清单吗？或许不是。但什么才是真实？也许明天我可以更接近真实。什么才是最重要的？这是修行者的人生，不要采取行动或做出反应，而是注意，接近自己，接近他人，接近万物，同时接受自己意识的真貌，在那里与之会合。哦，纳塔莉，吃了那么多有机食物之后，你还是忍不住要吃犹太食物，其中唯一的蔬菜只是腌黄瓜？

当然，我想吃，我特别喜欢黑麦面包上的芥末。

身而为人到底是怎么回事？

前几天晚餐时，我跟米莉安说，你注意到了吗？我们二十五年前认识的朋友都没怎么变？有些人更成功了，有些人生了孩子，离婚了，再婚了，可是都没那么不同。有所变，但也有所不变。

我也注意到，无论我的外在生活如何改善，新的房子、新的女性朋友、新书合约，我还是有相同的内在挣扎，相同的扭曲痛苦。能够注意到这一点，就很有帮助了。我认得出这些老朋友，但不那么相信它们了。

放下，我轻声对自己说。

避静写作营中，我们静坐时，我对学生一再轻轻提醒：“放下。”

No.32

王维：诗，唯一的真实

路边已经累积了五天的雪，晚上，我走路去参加一个读诗会，靴子底下发出很大的碎裂声。我坐进角落一张胖胖的沙发里，乔安·哈利法克斯（Joean Halifax）手上拿着一本王维的诗集。王维是八世纪时的中国诗人，而这首诗，是肯尼斯·瑞克思罗斯（Kenneth Rexroth）翻译的。乔安说："瑞克思罗斯将死之际，罗伯特·布莱带我去看他，我立刻知道，他是一位真正的诗人。"

她举起写着诗的那张纸，准备朗读时，我插嘴了："等一等，你那时候怎么知道他是真正的诗人？"我可不肯让她说了那句话却不进一步解释。

乔安的内涵是这样丰富，有时候，需要别人的好奇心把她内在的宝引导出来。关于诗，这是你的第一堂课：不要害怕饥渴，不要害怕想要一切。

"布莱为瑞克思罗斯朗读哈菲兹（Hafiz）和鲁米（Rumi）的诗，瑞克思罗斯就躺在那里，闭着眼睛。这些诗人开启了他，当瑞克思罗斯听到布莱念自己的诗时，他好像第一次听到这些诗似的，大大的泪珠滑下脸颊。"

"噢！"我说，吞了一口口水。

乔安念了王维的诗，好像一颗石头直接落入了人心，涟漪绵延了十几世纪，房间里所有的人都感觉到了。

二十四岁时，诗带我进入多彩多姿的光影和语言的世界。诗充盈了我十三年之久，后来我开始写散文，就再也没有回头读诗了。我在无意之间舍弃了一份伟大的爱，看到别的东西发出光芒，我就跟了上去。我那时最后阅读的一批诗人，如杰拉尔德·斯恩特（Gerald Stern）、叶胡达·阿米亥（Yehuda Amichai）、巴勃鲁·聂鲁达（Pablo Neruda）、琳达·格雷格（Linda Gregg）、莎伦·欧兹（Sharon Olds）等，是伟大的西方诗人，对诗精雕细琢，细致而讲究。

但我谈起这位中国诗人时，我会颤抖。王维的诗非常简单，你几乎不会特别注意到。

《木兰柴》

秋山敛余照，飞鸟逐前侣。

彩翠时分明，夕岚无处所。

王维没有刻意建构诗意，但写出的意象一个接着一个，若刻意了，反而会是阻碍。山上的光影；天上的两只鸟、色彩，然后他注意到黄昏时的雾气没有固定在某个地方。一、二、三、四，没有评估，没有批判，只是用平静的双眼看着，简朴而赤诚。他给了我们冥想的意识。很接近，近到那么多世纪之后还能够碰触我们。没有多做增添，没有紧张兮兮的颤音，没有忙碌的思考和评论，便遇见事物的本然。从这里，冒出了巨大的真理，“无处所”。我们在哪里？我们是谁？

在我们的社会，诗有可能是唯一的真实了。诗人无法发财，你无法用诗付你的瓦斯费或电费，社会里其他一切都有价钱，但诗从来就没有。

所以，写诗是很好的练习。诗可能带我们去到某处，遇见大家一直都知道的未知。真相就是，你不是笨蛋。把蛋糕从嘴巴边拿走，擦掉几

层化妆品，抹掉眼里的困意吧！看到了吗？这里，这里，和这里。我认真地研究和静坐多年，不是为了学习新知，而是让自己的意识形成某种形式和结构。四年级的小娜塔莉，应该是二年级，在春天时闻着教室外面潮湿的树干，波斯特老师和麦奇老师要我往前看黑板。同时，坐在我前面的萝宾·华格纳正在笔记本的边缘画着她的马，佩姬苏。教室充斥着渴望。现在，诗人转过来，点头，肯定了我们是谁。肯尼斯·瑞克思罗斯在生死边缘遇见自己。

诗需要时间。如果我们给诗一些时间，诗也会给我们一些东西。没有耐性的话，我什么也得不到。

公元六一八年到九〇七年的黄金岁月里，唐朝的中国人在许多情况下都会写诗，道别、离开、路途中、为表弟写诗、写给长官，或被山岳启发了诗兴。

让我们看看另一首王维的诗：

《渭城曲》(《送元二使安西》)

渭城朝雨浥轻尘，客舍青青柳色新。

劝君更尽一杯酒，西出阳关无故人。

诗的标题不但肯定了为某个特殊状况写诗的传统，也交代了某个独特的情境，写诗为的不是抽象的概念，也不是模糊不清的理由。一位朋友要离开了，而这件事情很重要。

诗歌一直都是中国最古老的艺术形式之一，王维特别创作了友谊之诗。他靠着友谊，度过被朝廷流放、妻子早逝、母亲过世的日子。这是他隐居山野，度过公职上的纠葛、羞辱和免职时的慰藉。

这些中国诗常常提到酒。他们喜欢喝酒，这是人际上的联结和欢乐。

你难道不会如此吗？景象如此开阔，长路漫漫，许久才遇到一个人。“西出阳关”之后，你就只剩下自己了。阳关是一个真实存在的地方，却又不止于此。那里极为荒凉，没什么人，也许只有陌生人。无须讨论空无和死亡，无须召唤。

王维在朝廷有个职位。在那个时代，公务员都得会写诗，如果写得好，就更好了。王维喜欢政治，也喜欢大自然，他在二者之间摇摆，在关照世俗与安在无常之间来来回回。在城市里，他向往山水之间；独处时，他希望有人陪伴。听起来很熟悉吧？这是王维的个人故事。他呈现的不是弱点，而是他的深度和强度，让他的诗有了人性。

以下这首诗很能代表王维的内心：

《赠祖三咏》

蟏蛸挂虚牖，蟋蟀鸣前除。岁晏凉风至，君子复何如。
高馆阒无人，离居不可道。闲门寂已闭，落日照秋草。
虽有近音信，千里阻河关。中复客汝颍，去年归旧山。
结交二十载，不得一日展。贫病子既深，契阔余不浅。
仲秋虽未归，暮秋以为期。良会讵几日，终日长相思。

八年前，一位朋友在我的前廊留了一张纸条：“这首诗让我想到了你，祝你新居愉快。”纸条上有一首王维的诗，很切合我那时的情况：我从道斯镇搬到圣塔菲。

《偶然作六首之懒赋诗》

老来懒赋诗，惟有老相随。宿世谬词客，前身应画师。
不能舍余习，偶被世人知。名字本皆是，此心还不知。

我在前廊静坐了六年，听着鸽子在电线杆上哀鸣，看着知更鸟在水池中玩水。干燥的夏日，野兔和花栗鼠也站在水池边喝水。

在前廊静坐时，我不知道自己是男是女，肤色是黑、是白还是褐色，也不知道自己是犹太人还是佛教徒。那段岁月很棒，阳光从松树枝丫间洒下，老房东还没过世。她后来于八十五岁辞世了，走得过早，她已经买好了来年夏天的歌剧季票。

现在，你读一读诗，知道王维是谁，应该就够了。是够了，但对不起，我是个旧式的工艺匠、夏令营辅导员、老师。你需要努力，才能真正认识王维，深深将他铭刻在身体里。

所以，首先，列出你想写诗的情况。这张清单创造了结构，也让你保持警醒，随时寻找适合写诗的情况。

当然，写一些诗，跟着你的感觉，跟着当下实相。你可能得先安静下来，慢走一下，一面走，一面捡起三颗你喜欢的石头，在掌心一颗颗翻转。好了，写六行诗句，开始吧。

接下来的三个月，让我们对王维致敬，对那个重视友谊的中国古老文化致敬。如果不好好善用世界的事物与情况，我们就不够诚实了。不要华丽的辞藻，王维对我们感到好奇，他给了我们他的世界，把你的世界也呈现给他吧。

以下这首诗来自诗人杰克·吉尔伯特（Jack Gilbert）：

敬王维

陌生女人睡在床的另一边。
她浅浅的呼吸像一个秘密
活在她的体内。他们彼此认识
三天，四年前的加州。她

订婚了，结婚了。现在，冬季
吹落了最后的麻省树叶。
两点的波士顿和缅因州过去了。
呼唤长夜，像长号鸣放。
将他留在之后的寂静中。她昨天哭了
当他们在林中散步，但她不要
谈论这件事情。她会解释自己的苦难，
但她仍然陌生如前。无论发生了何事，
他不会找她。即便骚动侵入
狂野的身体，以及内心声音的喧嚣，他们仍然
对彼此保持神秘，对自己亦然。
不错。现在看看你能写些什么。

No.33

海明威：未说之言

一位中国朋友从未去过西屿（Key West），他很想去，因此我第三度造访此处，后来还一个人去了海明威故居（Hemingway House）。朋友贝克辛（Baksin）不想骑脚踏车，我便自己租了一辆。这也是我第三度造访海明威故居了。

第一次是三十年前和凯蒂·格林（Kate Green）一起去的。我们那时都是年轻作家，渴望任何迹象或鼓励以坚持这条写作之路。我们在西屿的旅社订了两张床位，三个晚上，在有十个床位的通铺宿舍里。双层床摇摇晃晃，床垫是铁制的弹簧，我们两个都睡在下层，一直小声聊天到很晚。我们决定每两年要写一本书，试着找到传说中田纳西·威廉斯（Tennessee Williams）诗问期间去过的地点，而海明威故居，就像潮汐般震慑了我们，黄色的墙壁，二楼的绿色回廊，妻子宝琳（Pauline）盖的长形泳池……那时候，海明威离开了十个月，参与西班牙内战，并和玛莎·盖尔霍恩（Martha Gellhorn）发生外遇。第一次造访时，这个地方燃烧起我们的野心，我们渴望被听见，渴望写得非常好，渴望永远献身文学。

十五年后，我又去了。那时候，我母亲一个人住在棕榈滩（Palm Beach），我们的关系一直紧张，我拖了好几天不想去看她。我记得我坐了快艇去远处一个沙滩，还去了一间同志书店，再度造访海明威故居，但是只剩下一点点遥远的记忆。我脑子里全是即将见到母亲的压力，她都八十多岁了，冲动地决定卖房子，要跨越整个美国搬到洛杉矶去，而且叫我去帮她打包。她的房子立刻卖了出去，卖给一位个子高大的意大利人，他颈间的金色项链垂挂在毛茸茸的裸露胸膛上。然后，她忽然后悔了，恳求这人拿回定金，“让老太太继续安心活着吧”，当时我正被迫进入这一团混乱，只好暂时将海明威的文学世界抛之脑后。

首度造访之后二十五年，第二次造访之后十年，我第三度造访。这次，毫无预警地，我受到了撞击。一月底，屋里都是观光客，用手机不停照相，我好不容易找到了导览人员，他的脸很红，有黄色的大胡子，似乎认为自己就是海明威了。每过一会儿，他就对着一个银罐子吸一口气，像是对这位伟大的作家致敬似的。他一直提到躁郁症，海明威终生为精神疾病所苦，即使是他的酗酒，也有其意义——自我投药。第三次造访时，我已经认识一位很棒的南方作家，也有同样的困扰，即便有好的医疗协助，还是很折磨人。可以想象，在海明威的时代没有什么药物可用，深沉的忧郁让他像是陷在一个没有窗户的地下室里，他喜好每天晚上走路去乔的酒吧买醉。每天早上六点，他醒来，立刻去工作室。他的工作室是一间整修过的驿站的阁楼，下面是客房，平实无华，窗户很大，有地毯，小小的木桌上有他的打字机和笔记本，墙上都是书架，挂了几幅画。

参观那个房间的时候，时间静止了，仍可明显感觉到一种专注感的存在，我很容易想象他就坐在那里，深深进入某个场景，将之倾倒在打字机的键盘上。我不是唯一感受到这一切的人，我身后几位观光客倒吸了两口气，甚至安静了下来。那十二年里，他和宝琳抚养了两个儿子。导览人员念了一长串海明威在这里写的书：《非洲的青山》（*Green Hills of Africa*）、《第五纵队》（*The Fifth Column*）、《胜者一无所获》（*Winner,*

Take Nothing）、《虽有犹无》（*To Have and Have Not*），以及我最喜欢的书之一《死在午后》（*Death in the Afternoon*）。

下午，海明威和一位他雇来的古巴人一起乘船出海钓鱼，这位古巴人成为他的好朋友，可能就是《老人与海》（*The Old Man and the Sea*）里的老人原型。他离开宝琳之后，和玛莎结了婚，搬去古巴，买了房子住下来，在那里他写了《老人与海》。五年后，他和玛莎也离婚了，他和第四任妻子玛丽继续住在古巴过冬天，夏天他们则住在爱达荷州（Idaho）的凯企姆（Ketchurn）。

一九五九年古巴发生革命，卡斯特罗没收了海明威的房子和船。这个损失，让他变得极为抑郁，无法振作，于是同意接受电击疗法。他原本期望电击疗法能够有所帮助，结果这疗法反而令他失去记忆，使他没了过去，无法写作，海明威最后自杀了。导览人员说，这跟他的父亲一样，自杀也有家族遗传吗？

《老人与海》得到普利策奖，一九五四年，海明威并因此书得到诺贝尔奖。他在牛皮纸袋的反面写了得奖感言的初稿。我的两个学生在纽约公立图书馆庆祝建馆一百年的展览中，看过这份初稿。他们告诉我，和最后的定稿没多少差别。句子踌躇不定、尴尬、笨拙，你可以从他的文字感受到他的紧张，一开头就是“我没有能力……”莎琳和朵萝蒂看过这段开场白之后，经常开玩笑似的说这几句话，但其实她们心里头，是被他的寂寞和缺乏安全感所感动的。这么长久以来，海明威被视为伟大的白种猎人，无法穿透，刀枪不入。事实上，没有一位作家是那样的，也没有任何一个人是那样的。

导览过后，我回到房子后面的小书店，买了这本有名的中篇小说。很久以前我就很爱这本书了，但是读了那么多书之后，我已经忘了它。我第一次读《老人与海》是为了高中作业，即使在那个时候，都觉得这本书很棒。可惜，老师暗示老人就是基督，或某种宗教的象征，我从此失去兴趣。

我把书放进皮包，骑着粉红色的脚踏车来回逛西屿的街道，街上都是人，街旁都是橡树和开花的木兰。中午，在一间房子的阳台上，我和贝克辛见面。

“那是什么？”她指着某院子里的老榕树说，那树的气根垂下，形成很宽的根部。

我说：“在印度，整个家族都住在这种树下。”我也很喜欢这棵老榕树，我看过很多椿树，正试着想象第一次看到榕树会是何光景。

我从皮包里拿出海明威的书，打开到献词那一页：

献给查理·史克里柏诺（Charlie Scribner）和麦克斯·柏金斯（Max Perkins）。史克里柏诺是一位伟大的出版家，那时候，海明威、菲茨杰拉德（Fitzgerald）和托马斯·沃尔夫（Thomas Wolfe）都还活着。麦克斯·柏金斯是他们的编辑。传统老派的那种编辑，是会拎着一袋食物爬上很多层楼，去看你，借钱给你，鼓励你的那种。柏金斯和沃尔夫合作了好几个月，删改一千一百一十四页半透明薄纸上的初稿，创造出了《望乡天使》（*Look Homeward Angel*）。这位出版家和这位编辑培育了美国文学，而海明威弯腰书写，不为了谁而写，但也为了每个人而写。我猜想他心中也有着这两个人，他知道，如果写得够好的话，这两个人能够将他的书带给大众。

贝斯辛拿起书，翻到中间某页，出声朗读，让我感到狂喜。后来，我标出了这几个段落。第二天我们搭渡轮回到麦尔兹堡（Fort Myers）时，约定共同出声朗读整本书。我开车经过大落羽杉平原，到大沼泽地时，我听着贝斯辛朗读，小白鹭从沼泽中飞起，我们正经过赛米诺尔人（译按：北美原住民的一族）保留区的草屋。

“我从没想过会对一本钓鱼的书感兴趣。”贝斯辛在华尔街的资讯科技业工作了三十年，“可是现在，我只在乎这本书。”

四周后，看着我标出来的段落，我对自己为何能标出它们感到佩服。自从去了佛州之后，我的生活似乎很忙碌，我需要安静下来，才能再度感受这本书。我打开第三十二页，再度阅读。“太阳薄薄地从海上升起……”我可以看见了。“薄薄地”是关键词，某次特别的日出，我在那艘船里往外看着。“……老人可以看到别的船，贴着水面航向海岸……”我也看到他们了。“然后阳光亮了一些，光芒照到海面上，近一些时，平平的海面将它反射到他眼里……”

海明威对太阳和阳光层次的在乎从未减少，他总是被那寻常不过的日出所鼓舞，你一旦到了那里，书里的梦也会一页一页对你展开，那位老人成为世界上最棒的人。

这本书只有一百二十七页。文字这么少，却说了这么多。“如果散文作者对他正在写的东西有足够的了解，他可以省略掉一些他知道的事情，如果作者写得够真诚，读者对这些被省略掉的事情还是会有很强的感觉，就像作者真正写出来了一样。”（引述自《死在午后》（*Death in the Afternoon*）

没写出来的和写出来的一样重要，这本书创造了空间，让我们和老人得以在一起。这本书也在我们的内在创造了空间，让我们从书页上抬起头来，四周看看：水平线更为生动，光、云和铁轨的缓慢色彩，无论你在哪里，工厂的砖块，河上的桥，戴着红帽子的女人正在挠她的鼻子，窗口的青蛙，街上肮脏的积雪，猫咪冲到栅栏下面……世界是我们的。

冥想的方式很多。无论是什么打开了我们，柔软了我们的心，让我们有活力面对人的世界，协助我们承受，那就是我们的道路。

某一天，我会去爱达荷州的凯企姆，站在海明威的坟前，说：谢谢您，谢谢，谢谢。

二〇一一年的一年性避静写作营开始了，我指定学生阅读《老人与海》。这个写作营在二月底开课，从一开始就很困难，气温突然降到零下十度、二十度、二十五度。新墨西哥州的气温从未如此低过，得州运油管都爆了，我们好几天没有暖气。我从圣塔菲开车过去的时候，学校都关闭了，马贝儿·道奇冷得像冰库，但我们还是相聚了，在禅修中心静坐，我是唯一面对窗户的人。第一天早上，我看着大雪一直下，人行道上已经积了一层冰，雪就落在上面。有些学生来自北卡罗来纳州、佛州、阿肯色州（Arkansas）；有些来自得州和加州，他们的外套、手套、靴子都不够暖。

很惊人地，六月时他们还是回来了。那时新墨西哥遇到旱灾，一个学员说："我洗头发的时候，头发就已经自然干了。"已经好几个月没有下雨，亚利桑那州（Arizona）的野火已经烧到州界了，空气里都是烟雾。

九月，如果发生蝗灾，我也不会惊讶。

第二天早上，我问："你们有多少人读过《老人与海》？"

几乎所有人都举起手。他们说，大部分是在学校时念的。珍说："很多年以前，我参加艾芙琳·伍德（Evelin Wood）的速读课，我们必须用五分钟或十分钟读完这本书。"

"我想，这样的书现在没有人写得出来了。"我说。是的，会有别的书籍描写这个时代，但这位老人如此地亲近了海洋和他抓到的鱼，没有钓鱼竿或卷轴，只有用背抵住的钓鱼线缠在手上。

桑亚住在墨西哥沿海的一个小渔村里，说："你无法相信观光客带来的设备，他们甚至有个机器可以探测鱼在哪里。"我们都骚动起来，好长的一段时间，没有人说任何话，只是感觉着这本书里的神秘。

几乎到了午餐时间。我打破静默，给他们布置作业。书写十分钟，就像海明威那样，只用一两个音节的字。

记得一九七三年夏天，我在罗马，下了火车。火车很长，暗绿色的，有着小小的雾面窗户，蒸汽由刹车和引擎上面的小孔升起。火车站也很古老：高古铜的金属桥跨越了一排一排的月台。那个时代，我只从别人的故事里听说过。我站在月台上，手上拿着行李箱，走向出口。我不知道要去哪里，但我知道，美国女人在罗马要小心，要看起来好像知道自己要去哪里。如果她们看起来困惑，意大利男人会出现在身旁，提供协助。不可以接受他们的协助，虽然我确实需要协助，但不是现在。我走过巨大的铁栅栏，走进一条巷子。路边有计程车，司机站在人行道上，询问每一位过路的人要不要搭计程车。我从美国的中西部来，每条街都是彼此平行的，如果有一排计程车，你应该坐第一辆。我要选一辆排到了最先载客的权利的计程车。但事情并非如此。在这里，是看谁声音最大，身体最接近（贴近我的身体，暗示着比搭载更多的讯息），手挥得最快——这一切，我都不熟悉。

——戴博拉·贺洛威（Deborah Holloway）

用单音节的字会让我们更接近事物，我们必须用更多细节来交代复杂的情绪和思绪。作者无法躲在复杂的字眼后面，复杂的字往往没有定型、模糊不清，或对读者有其他的含义。我们必须在内心的更深处寻找更亲近的感觉，那躲在复杂的文字底下的感觉。我们不会脱离太远，像是胖、红色、生鲜、干燥、热、老、长、黑暗都很能够描述景象。

现在该你尝试了，让海明威教你。记住：好的作家才是我们真正的老师。

No.34

温迪：南方的味道

我们来看看温迪·强森（Wendy Johnson）的书写。温迪是长期禅修者、园艺家、《龙门园艺》（*Gardening at the Dragon's Gate*）的作者。过去十六年，她也为《三轮车》（*Tricycle*）杂志写园艺专栏。身为园艺家，她撷取土壤样本，而我们则把她二〇一一年八月写的专栏当作书写样本：

北卡罗来纳州的大西洋海岸内陆，我浸润在炎炎夏日里。绿辣椒熟了，浓烈的鲜绿色，旁边是胖胖的椭圆茄子和被阳光晒成金黄色的番茄，挂在热坏了的藤蔓上。肥胖的蜜蜂，脚上沾满了向日葵的花粉，在缓慢朦胧的八月飞来飞去。在这丰饶的忙碌中，我渴望干燥的西南方节奏。

话不多说，黑白直线的禅修书写就在此。夏日炎炎，"椭圆"茄子"胖胖的"，番茄藤蔓"热坏了"，蜜蜂，"肥胖""沾满""在缓慢朦胧的八月飞来飞去"。这是甘美浓厚的书写。你一面读，一面可以感觉到酷热的重量。你准备好了，在碎石路上躺下，让艳阳把你烤成褐色。

我又摘录了后面的一段，我们在此学习书写，不是学习园艺：

一百一十三天没下雨了，深红和暗灰色的天空满是野火冒出的烟雾。我和二十五位禅修者、邻居和朋友，站在花园光秃秃的泥土田埂上。我体内每一丝海风潮湿的分子都被榨干了，在我们已知的园艺世界的严酷边缘计划着天堂。

洋铁皮铲子插入干燥的土地，拔出来时，热得像要燃烧。

八月了，这个禅修花园活生生的，存活的植物虽少，却充满了生命力。干燥的天堂意念产生了很深的根。

温迪的书写正是我们心目中书写应该有的形式，让人羡慕的形式——“我没办法写成这样”。但对她而言，这个丰富的语言来得很自然。她在东北部成长，二十年前，我首次听到她的文字，当时我正在绿谷禅修庄园（Green Gulch Zen Farm）进行六周的练习，我打破静默说：“温迪，说老实话，这是南方式的书写，别人无法写成这样。”

她脸红了，说了实话：“呃，我的家人来自亚拉巴马。”

“我猜就是。”我眯起眼睛说，我早就在这么猜了，又一个以出身为耻的南方人。

我遇过好多好多这种人，就像德国人以大屠杀为耻，南方因为蓄奴制度、不愿意给非裔美国人公民权，创造了历史心理上的巨大创伤。

温迪从未在南方居住过，十多岁的时候还参与过赛尔玛游行（译按：Selma March，二十世纪六十年代重要的民权运动），但是羞耻仍传承了下来，却同时也传承着伟大的文字、对故事的欣赏、与土地的联结，以及对某些事物的了解，例如，这朵花、这棵树、这个沼泽，她因此懂得尊崇它们的名字。这些都是好作家的元素，是的，即便是罪恶感和痛苦，也会推着你前进。南方人打输了美国内战，所以他们懂得失败是什么；好作家都是这么来的，像是理查德·赖特（Richard Wright）、福克纳、尤多拉·韦尔蒂（Eudora Welty），名单很长。我告诉学生，不要惊讶。他们有南方的遗传，我们则需要努力。

但老实说，即便对温迪而言，这一切都来得那么自然，她也还是需要努力。六月，她和我在马贝儿·道奇一起带领一年性避静写作营的第二次聚会。下午一点到四点，学生有一段很长的修习时间可作个人练习，书写、静坐、慢走甚至睡午觉（深沉的休息是很重要的）时，他们完全静默，但温迪则在构思她的专栏。每个下午，她坐在餐厅旁的露台，同一张桌椅，在巨大的白杨下遮阴，躬身书写。她的努力很明显，我们经过的时候都看得到，简直就像是钉在那边似的。我们很多人想不到好的字句，而她则是拥有太多了。每一篇专栏，她只能写七百五十字。

她开玩笑说："我必须带着我的书写去维克·谭尼（Vic Tanny）。"维克·谭尼是二十世纪中叶的健身房，会让你流很多汗，电视上有他们的广告。她必须缩紧她富饶的书写腰带，写出重点，首先还得决定重点是什么。其实我们书写时都必须如此，无论我们的辞藻丰富与否。她也很想写方便禅中心，但是必须有纪律，不写没必要的内容。

当她提到某种特定的植物，如阿兹特克白豆（Aztec White Bean）或红花菜豆（Scarlet Runner Bean）时，会有一股冲动，想花十小时研究它的历史，一方面想确定自己没写错，另一方面是出于好奇，还有就是拖延。想一想，这也很有南方风味。南方人热爱历史，这一点可以拖延你的书写。

我们都会想方设法地从书写中脱身，我最新的一招是不断检查我的饮水和巧克力存量是否充裕。写到某一句的一半，我跳起身去清点库藏。这些脱身之计也是紧张和兴奋的表现：我们能够承受赤裸的真实多久呢？无论我们在写什么，即便是关于水泥的一篇简短报告，书写本身便令人兴奋的同时也令人害怕。书写表示我们在乎，我们有想法，我们存在。

一周结束，学生对温迪有很多的同理心，他们看到她的努力。最

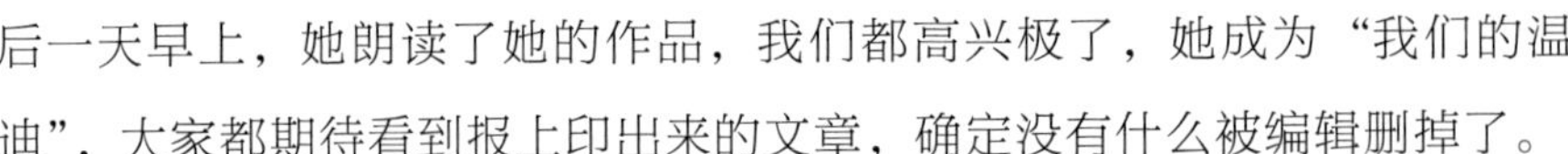

后一天早上，她朗读了她的作品，我们都高兴极了，她成为“我们的温迪”，大家都期待看到报上印出来的文章，确定没有什么被编辑删掉了。

我鼓励你写。我告诉每个人，书写有益处、重要、完整。但是，在这个社会和日常生活中，对自己认真且有目标，并非易事。我可以提供给任何人唯一的真正处方就是：书写。即使有各种内外在的抗拒和反对，还是要书写。拿起笔，面对自己。

我告诉温迪，她是一位很美的作家。她的脸一片空白，不相信我。这么多年来，她只偶尔微笑一下，但我知道她很喜欢自己的工作，也以此为傲。就像其他人一样，在“她是谁”和“她认为她是谁”之间，有一段距离。

想想你认识某个非常美丽的人吗？他们往往不知道自己很美，通常，他们会比我们对自己更不自在，或另一种极端：看起来非常自负、虚荣，其实心底过度缺乏安全感。我们很少刚好在那条线，相信我们就是我们所认为的那个人，没有好坏，刚好正对红心。所以，请继续书写，这才是重点。

关于温迪，还有一件事情我认为很重要：她并不“读书”，而是跃入书中。我们一起教学的时候，她往往提早三天到达，完全没有准备。在那七十二小时里，她阅读指定读物。我看过她因为前一个晚上熬夜阅读詹姆斯·鲍德温（James Baldwin）写的《乔瓦尼的房间》（*Giovanni’s Room*）而以为自己身在巴黎，或是因为刚读了帕特·康罗伊（Pat Conroy）写的《潮汐王子》（*Prince of Tides*）而无法摆脱老虎的影像，她一直往肩膀后面看，她的新宠物在哪里呢？或是，在读大江健三郎写的《个人的体验》（*A Personal Matter*）时，她不会想这跟我知道的日本人不同，而是沉浸在一个疯狂年轻人的旅程中。当然，会有需要分析的时候，但是即使时间不够，仍然热爱阅读，这是作家的特质。不仅仅是热爱阅读，而是在阅读中迷失了，呼吸着作者气息。

温迪有很狂野、复杂的家庭故事。我很爱听，常请求她继续说，多说一点。你需要去拜访一位年老的阿姨吗？我热心地提议：我帮你开车。我想做的是：把她关在一个房间里一整年，给她很多笔和纸，告诉她，除非她写出一本歌德式的南方小说，否则就不能出来。我会每天供应两餐，让她有一点点饥饿，对作家而言，这是好事。

但是，纳塔莉，你不是一直说要练习和观照吗？

去他的。为了一个好故事，我愿意牺牲一切。

No.35

一休和尚：一颗心，两道门

一九九三年，我在道斯镇的邮局信箱中发现了一个小的文件信封袋。八十页的小书《无嘴乌鸦》（*Crow With No Mouth*），一休和尚，十五世纪的禅师（Ikkyu，Fifteenth-Century Zen Master），文字全用粗黑体，史蒂芬·伯克（Stephen Berg）编辑，铜峡谷出版公司（Copper Canyon Press）出版。

美国禅师乔治·鲍曼（George Bowman）寄来的。“你不知道一休和尚？”上次我见到他的时候，他很惊讶地说。

我摇头。这时，我已经学习日本禅宗十九年之久了，但我没听过一休和尚。信封里有一张纸条，写着：“临济宗的伟大导师之一。这是译本，但还是可以感觉到一休和尚。”

临济宗是禅修学校，精于研习公案。而我最初学的是曹洞宗。片桐禅师会开玩笑说这是“不聪明的老伯伯”，因为曹洞宗不强调公案。

站在停车场，我读了书中一首诗之后，才坐进一九七八年出厂的丰田巡弋车，打挡，车身摇晃震动，转动的轮胎射出碎石，驶向泥土路上凹陷的车轨，往十年前我用啤酒罐和废弃轮胎盖的一栋房子驶去。我完全住在荒郊野外，没有水电，没有瓦斯，一株梅尔柠檬树长在我的卧房，每年十一月或十月，树上开满白色的花，让卧房充满了花香。到了圣诞节，我拿柠檬当礼物，果皮非常薄，薄到你可以直接咬下去。

我准备好要了解一休和尚了，还有十年的时间，可以在这个平顶山上好好研究他。

（译按：一休的诗，全部都是英文中译。）

屋檐滴着雨
寂寞声如是

我等了两天，才读另一首诗：

无闻无视其粉红姿色
但它们明春依然绽放

我读这首诗的时候，正坐在特大的粉红沙发上。我再读一次，里外翻转，不是关于枝丫，是关于花朵；也不是关于花朵，没有花朵，它还是会来。信任空无。什么都没有。

又读了一首：

出生、出生，一切都在出生
想着，试着不要出生

我大笑出声，我们是何等疯狂地反复检视。我更深地沉入了一休的世界，读完整本书，标出我特别喜欢的诗，这个译本里的诗都很短，大概两三行。我开始与一休和尚一起生活了，那几个月就像成熟的绿色，感激乔治把这本诗集寄给我。

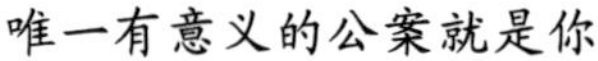

唯一有意义的公案就是你

这句诗像蜜蜂螫人或是踩到尖锐钉子似的刺痛。公案，成百上千的禅宗公案故事，每一个公案都穿越实相的不同面向、角度和次元。轰然一声，全部的精华就是“你”。我们称之为“自己”的万花筒，是何等谜样，能破解吗？谁想要破解？但是……他手指一转，戳戳我们的胸膛，给我们直接的鼓励。在一休和尚身上，我发现了盟友、禅友、同志。我不孤单。

过了绿色的秋季——新墨西哥州干燥的地景绝对不是绿色的，但我的内在是绿色的。若有朋友打电话来诉苦，我都说：“等一下，我有对症下药的良方。”我跑去拿一休的诗集，然后朗读。

厌倦了，无论厌倦的是什么
我将每一个毛孔都献给它

厌倦了故事脉络，厌倦了你的大脑前额叶不断吵嚷，厌倦了内省。把自己丢进当下的清澈明亮吧。我出声朗读，再度感到头晕目眩。朋友都说有帮助，如果是这样，那我还真是敬畏。

我想给你些什么
但是什么才会有所帮助呢？
我的热情让我盲目吗？原谅我，朋友们。
如果没有最终休息之地
我如何在途中迷失呢？
为了书写，你必须进入练习的生活：

诗应该从空地生出来

夜晚降临到夜晚，在黑暗地景上

这就是书写的源头，无论你是在艾奥瓦的作家联盟（Iowa Writers' workshop），或是在威斯康星州做羊奶酪，或在科罗拉多州乘舢舨顺流而下，或在阿富汗拿着步枪站岗。

公案的书放着，错过了心，却没有错过渔夫的歌声

雨水落在河中，我不顾一切地唱歌

一休的母亲是十七岁日皇的情妇。因为腹中的胎儿不可能继承皇位，她怀孕之后，必须躲起来。五岁时，一休躲在禅寺里，以免被暗杀。

十七岁时，一休跟随一位严格的禅师谦翁学习，并一起生活了四年，在那段时间就只有他们两人。谦翁过世时，一休哀伤欲绝，试图自杀，正要投琵琶湖自尽时，他的母亲差人来阻止了他，说：请为了母亲，好好活下去。

他找到了第二位老师华叟宗云，也是一位很严格的禅师。二十七岁时，一休在琵琶湖小船上冥想，听到头上有乌鸦叫，他忽然顿悟。整个宇宙成为啼声，他自己消失了。

他针对这个经验写了一首诗：

十年愚蠢，我要事情不一样

我仍然能够感觉到当时的骄傲

一个夏日午夜，琵琶湖，我的小船上

卡威伊

我还是小男孩时，父亲离我而去
现在，我原谅你

我心里想：你是说，当你觉醒，看到核心，你父亲就在那里吗？我们永远无法脱离我们的父母吗？

乌鸦的叫声将他带回宇宙的核心。自由并非排斥或逃避，而是某种决心，我们细胞里的沙子沉淀了，来到当下，街角的房子、邮差送信从来不准时、亚利桑那州国会议员被疯子射杀、昨天是国王生日、朋友玛丽的母亲十九年前的今天过世、最后一颗巧克力在角落小桌上、头发有点脏。在死亡面前，没有什么新的地方好去，没有什么特别的事情得做。

忽然，除了哀伤，什么都没有
所以，我穿上父亲的破旧雨衣

当时，我父亲仍然健在，我非常爱他，却才刚跟他大吵一架。我在我深刻的情感、意志和愤怒之间挣扎。一休的诗里，乌鸦鸣叫，不影响我住在佛州的父亲，巨大的黑乌鸦却飞过沼泽，改变了我。

一休离开了华叟，从二十九岁到五十岁，他都自由自在地云游。这么长时间的云游很不寻常，传统上，顿悟之后开始云游，为的是深化自己的理解，但正如其他一切，一休超越了一般限制。在这个时期里，他发明了街头禅学，跨出禅寺，进入一般民众的生活现实。吃肉、吃鱼、喝酒、在贫穷和哀伤中仍然做爱。他喜欢去逛妓女户，去桥下和小偷、流浪汉、海盗、流浪的女人、诈欺犯相处。在这里，他发明了红线禅（Red Thread Zen），根据古老中国禅师虚堂智愚的概念，将人类和生死之间用一条热情的红线联系住。这条红线也代表带血的脐带，为了真正觉醒，你必须踏出神圣的寺院，进入一般民众的生活。

一休有了全新的禅思，创造了新的书法、诗、能剧、茶道和陶艺。关键就是简单，在一个充满破坏、诡计阴谋和战争的时代，走入极简。

在那个连修行都充满权力与欲望的时代，一休的思想直指人心人性，也为日本禅宗注入了女性元素。神圣境界并不是和俗世分开、独立的，相反地，那应该是每个人都可以练习，包括烹饪、照顾孩子和艺术创作。

心是什么
被人遗忘的图画里微风吹过松树的声音

七十七岁时，一休爱上了三十多岁的失明女乐师森，他赞颂她的聪明与才华，这是他的真爱，当然，他为她写诗。

你内在的夜晚摇荡
闻你大腿的气息便是一切
对我们，阅读、吃饭、唱歌没什么差别
做爱也不是什么特别的事情

八十多岁的白发和尚
一休仍然对自己、对天上的云，每晚朗读
因为她自由地付出自己
她的手、她的嘴、她的胸脯、她长长的湿润的腿

八十多岁时，一休仍然不从众随俗，但政府要求他担任华叟宗派在

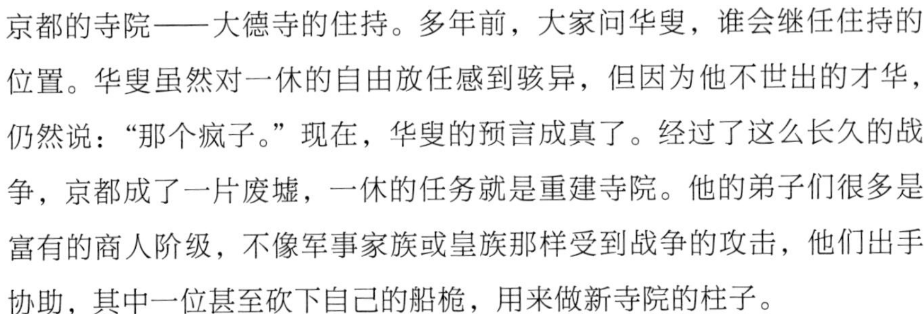

京都的寺院——大德寺的住持。多年前，大家问华叟，谁会继任住持的位置。华叟虽然对一休的自由放任感到骇异，但因为他不世出的才华，仍然说："那个疯子。"现在，华叟的预言成真了。经过了这么长久的战争，京都成了一片废墟，一休的任务就是重建寺院。他的弟子们很多是富有的商人阶级，不像军事家族或皇族那样受到战争的攻击，他们出手协助，其中一位甚至砍下自己的船桅，用来做新寺院的柱子。

传统上，禅师临终前都会作诗。禅修聚会时，常常有人朗读一休的临终诗：

> 我不会死。我不会去别处。我会就在这里。
> 只是不要再问我任何事情。我不会回答。

这是临济宗正式认可的一休临终诗。但是他也写了另外一首私人的临终诗，交给了森，他这一生最后的真爱。

> 我悔恨无法再将头躺在你腿上
> 我向你宣誓永恒

这一首诗其实更像他，充满了鲜润的感情。

二〇〇〇年，离开多年后，我又在明尼苏达州住了一年半。一晚，我在圣保罗（St. Paul），和一位禅师朋友对大约一百个从未听过一休的听众演讲，我们很惊讶地发现，我们选的诗都不一样。我比较喜欢细致的觉醒诗和能穿透日常实相的诗，我的朋友则是对充满性动力的，以及抗议禅宗组织化的诗特别有兴趣。

以下就是一休对虚伪练习的谴责：

名声挂在勺子上，无用的篮子，寺院的献金
我喜欢在河边湖边穿着蓑衣散步
他们用棍子、喊声和其他伎俩，那些虚伪的人
一休像阳光般直达上下。

我们带了二十一本《无嘴乌鸦》去卖，大家疯狂抢购（希望你也冲到书店去买一本）。

回到了朋友家，我坐在绿沙发的角落，坐了很久，厚重的外套还穿在身上。十二月初，寒冷的夜晚是酷寒的开始，屋子里很温暖，我只是不想脱外套。一休活在好几世纪之前，可是我在这里却感觉到他的存在。他完全不保留自己。

中国有句俗谚，乔安·萨德兰德跟我说的，“一颗心，两道门”。当你到了某个深度，你的人生开启了两个方向：个人的解放和协助世界的需要。那天晚上，在朋友家的客厅，我就是有这种感觉，一休的心有两道门，二者来自同一个源头。

一休是我书写生命的一部分，我静坐、慢走、站立的生命，随身带着深入我们生命的人。这需要时间，我一直到死都会深爱这个蹲坐、方脸的人（塌鼻、眼神哀伤），他的聪慧穿越了时间、空间和寒夜的限制。

No.36

永平道元：用整个身体写作

几乎十五年前，一个整个早上大部分时间都在静坐的星期二，避静写作营进行到一半，我搬出电视，放进《山河：道元禅师的神秘写实主义》的录影带（那时还没有亮晶晶的DVD）。道元是十三世纪的日本禅师，也是曹洞宗的重要人物。我最初就是师从曹洞宗，我经常引用道元的话，其中一句是“当你在雾中行走，你会弄湿自己”。我相信每个学生都听过这句话，不要一直挣扎着试图了解练习，而应活在当下，就像渗透作用一样，教导就会进入你的全身。这就是我们学习书写的方法，不是经由理性学习，而是透过全身之力。练习经由身体传达：我们的手、腿、臀部、眼睛、脑子、鼻子、心、膝盖都在学习。学到的，就真的是你的了，且必然是你自己的，没有别人能帮你。然而，“不要以为你明白的一切会变成你的知识，且被意识抓住”（道元）。你得到了，但也可能没得到，你是自由的。

影片包括美丽的山水景色，原创的背景音乐，以及我的好朋友，已经过世的住持约翰·大道·路里（John Daido Loori）朗读着道元禅师的文字。

我听过这些文字很多次了，但这是第一次看影片。我坐在那里，专心看着画面，融化在音乐和语言中。至少过了二十分钟，我才意识到应该看看学生的反应。我转身看他们，他们忍不住了，无法再安静一秒钟。

他们全大笑起来，眼泪都流出来了，翻下椅垫，在地板上打滚。

我伸手暂停影片。“怎么了？”我毫无头绪地问，“你们不喜欢吗？”

莎琳，一位很能唱歌的长期学生，开始学影片中歌剧般的声音，重述道元的话。法兰妮是内华达州中央政府公设辩护律师。她简单地说：“你从哪里弄来的这个？”直到今天，许多年后了，我只要一提到这个影片，当时在场的人就会举起手来：“拜托，我可受不了。”然后又会开始大笑。

我应该提一下，这个影片得过奖，提这个只是让你知道，我没有那么离谱。我觉得学生无法了解的是，那一周，我们做了密集练习，加上道元的文字，可以让我们的脑子不合逻辑地、疯狂地、狂野地飞起来。在止语写作营中间，一般的社会常态被打破了，你踏出了日常生活的常规——心里往往有声音问：“我疯了吗？我在这里做什么？”但这也给我们机会，用更广阔的方式看世界，不被习惯、舒适和某种社会组织限制住。社会组织可以很有效率，但也常常令人麻木、盲目。

然后，道元忽然出现在他们打开的意识中。我可以念一段《山水经》里的经文吗？让你品尝一下学生听到的内容。

> 当你看到流向十方的水就是流向十方的水，你应该反省那个时刻。不仅是研究人类和天堂的存有看到水的这个时刻，也研究水看到水的时刻。这是全然的了解。你应往前往后，超越人，揣摩别人的道路。

笑声可以是从深处发出的，是某些事物遇上另一些事物的辨认，也是打开的意识遇见了另一个打开的意识。练习的意识遇见了道元十三世纪时的练习，时间不再存在了，笑声成了问题的最终答案：我疯了吗？

你当然是疯了，我们一起疯了，真是快乐啊！有人反映出了我们真实的意识。道元做的正是此事。

他不解释“明白是什么”，那样的说法好像“明白”是一个分离的物体，可以讨论检验似的。道元从核心喊话，用新的方式说话，来沟通“觉知”是怎么一回事，经由语言直接传达。

有时，乌鸦在你头上鸣叫，碎石击中竹子，世界就此开启了。在这里，道元用语言（作者们，请注意！）传递了超越语言的世界。真的有超越语言的世界吗？呃，他传达给我们的显然是语言的世界。

但这些文字不是要我们破解的。你无法破解它，但你可以变成它。这才是我们学习一切事物的方法——真正内化的学习。它流过你整个身体，我们经由所有的细胞吸收，而不仅仅是用脑子。

你应该研究绿色的山，用丰富的世界作为你的标准。你应该仔细研究绿色的山如何走路，以及你如何走路。你也应该研究倒退走路和往后走，其实，往前走和往后走从未停止，即使在形态尚未形成前便已开始，从虚无之王的时代便已开始。

一九九〇年，一整年，我在圣塔菲，每周一次和一群写作朋友聚会。我们都是朋友，就为了好玩，我们指定艾迪当老师，我们一起写作，不限主题，试图写出小说来。

有一周，十个人里面只来了五个人。约翰想要读詹姆斯·索尔特（James Salter）写的《光年》（*Light Years*）。他几乎从头到尾都会背了。有人拿出他喜欢的书开始朗读。

“等一下，”我说，走进卧房，拿出阿尼·科特勒（Arnie Kotler）和棚桥一晃所翻译的道元的《山水经》，“听听这个。”大家跟着我到了卧房，除了我外，都坐在床上，我站着朗读道元。在他的文字中，感觉狂喜，身体晃动。你知道这些文字在说什么吗？我看得出它们的奇妙，我早已学会让文字像风似的吹过我。你不会停下来，问风在说些什么，对吧？你就让它吹。

念完后，约翰、艾迪、罗伯和另一位朋友都惊愕地抬头看我，皱着脸，头歪着，“啊？”我问，“你们听不懂吗？”

不懂，他们都摇头。

好。我再读，你们听着就好。

世界不仅有水，而且有一个水的世界。不仅仅在水里，也有个存在云里的世界，在空气中存有的世界，在火中存有的世界，在土中存有的世界，在有形世界存有的世界。

我真是兴奋极了。

我的朋友，唉，一点也不兴奋。这些人很聪明，真的很聪明，但道元让他们摊平了。当下，我前所未有地明白，很久之前，我的书写生命已经转了弯，走到了一条即便是最聪明的人也不见得要走的路。从那之后，我明白自己有胡乱搅和脑子的倾向与癖好，这可能和书写的欲望不同，虽然对我而言二者并无差异。

二〇一一年五月第一个周末，乔安·哈利法克斯在方便禅中心举办了一个道元周末，庆祝棚桥一晃花了十年翻译的成果终于出版了，《真正法眼的宝库：道元禅师的正法眼藏》（*Treasury of the True Dharma eye: Master Dogen’s Shobogenzo*）。

亨利·休克曼（Henry Schukman），一位作家朋友、资深教师，首先发言。他开始回忆，一九九〇年，他看到我在我家前廊走来走去地朗读道元（我确定是在我的卧房）。“今天之前我从未听过道元这个人。但我刚听到他的文章，我简直说不出话来。我的嘴是干的，我消失了。”

“所以你是第四个人，这些年以来，我一直想不起来是谁的那个人？怪不得，你不在那里。”一切都合理了。虽然亨利持续书写、出版，他也一直在追求禅修，参加一个接一个的禅修会，静坐，直到他的头都秃了。

彼得·列维特（Peter Levitt）接着说话。他是诗人，也是禅师，他说道元是“爱的大师”。听到有人把“爱”和道元连在一起，真是开心。这也提醒了我们，道元从他所有的毛孔透露着他的理解。

“我们应该成立一个乐团，就叫作‘小道元’。”我叹息着。

老实说，这些年来，道元也能令人发疯。我们阅读道元的时候，不一定有一颗打开的心。因此，我们倾向于过度努力地去试图理解道元，于是我们无法解读“山不缺乏山的特质，因此，它们总是自在行走”。我们听了会想撞墙。

我的老师片桐大忍禅师，是《正法眼藏》献词中提到的三位日本禅师之一。他常常在星期三晚上和星期六早上的演讲中谈到道元，演讲通常是两小时。他忠实的学生们全都全力以赴，保持盘腿而坐，背部一直保持打直，我们的脑子在尖叫，对这位十三世纪禅修大师逐渐生出强大的敌意，因为就是他，让我们这么痛苦。

彼得引述了道元巨大、包容、宽宏大量的意识。我想到，阅读道元也让我们得以放掉自己，我第一次读道元的现成公案就爱上了。“觉知式的学习就是学习自己，学习自己就是忘记自己，忘记自己就是经由无数的事物予以具体化、现实化。”

在那之前一个月，我在威斯康星州的麦迪逊教学，我的学生米莉安·霍尔（Miriam Hall）告诉我，罗林斯乐团（Rollins Band）主唱亨利·罗林斯（Henry Rollins）曾说过一些类似的话：痛恨一个人就像是大便在自己手上，然后吃掉。

那是直接的教导，我心想，很恶心，但很直接、很真实。

轮到我说话的时候，我引述了这段话。一片死寂。我又说了一遍，解释说当我第一次听到这段话的时候，我想到了循环思考（Circular

Thinking)，这是道元真理的直接传达，但大家还是不可置信。“噢，别那么胆小无用。禅不是路德教派的基督徒坐在那里坐禅。禅是外在，也是内在的一切。你知道吗？道元写了好几页的文字，讨论应该用多少卫生纸擦屁股……一片方形纸。”

我们可以一直赞美某人多么伟大，但是我们不应该僵化。无论我们想些什么，都不会正中红心。红心是零，没有区别，我们就是山和水。

在那个道元周末，我朗读了一些道元的文字，就像我对写作朋友朗读一样，让他们感觉道元的节奏。我让学员在纸张上面写三四个寻常的短句，然后打破文字顺序，花七分钟写出像道元那样的语言来。“大家会这样说话，是因为他们认为，如果没有一个安顿自己的地方，便无法存在（道元）。”如果我们打破文法结构，便可以揭露一些新的东西，可以释放能量，发现一个新的基础，用新的方式“安顿自己”。

彼得猜想我会规定只用四个字，重复地用不同方式组合。所以我决定在这个练习中，让大家尝试用单字或短句，或二者都用。

这是彼得选择的字：孩子、花园、静默、音乐。以下是他写的：

静默长出音乐孩子的花园，
每个人都喊着无言。
静默孩子的心的深处
音乐从未停止流动。
如果说孩子听到了她的花园
就是了解了静默的孩子。
如果说你了解一个静默的孩子
就是错过了她的音乐。
孩子种下孩子的种子，只有孩子能够

当个孩子。如果你认为花园不是
孩子，再问问静默吧。
如果你认为询问的时间不是音乐，
静默的孩子会开始歌唱。
音乐在教的是静默——
孩子的成长，
哀泣的花园，
阴影中，风的静止。
当你明白了孩子，你就明白了花园。
当你明白了花园，你就明白了孩子。
这是未曾演出的音乐。
这是音乐正在演出。

棚桥一晃美好的介绍中解释说，道元是日本人，他自己将内容翻译成中文，有时候延伸、发展他自己的思考，扩展原文的含义。例如，天童如净有一行诗，通常会译成“早春，梅花开了”，道元则译成“梅花开启了早春”。你看到二者之间的差别了吗？后者的动力是活跃的音符、独特的角度。

你知道我们常用的那句话“以目前而言”（译按：for the time being），例如，“以目前而言，她会继续吃麦片粥”。道元翻译了药山惟俨（九世纪中国人）的一段话：“以目前而言，站在高山上……”棚桥一晃告诉我们，道元发展出自己的想法，认为时间也不过就是某种存有，你可以看到道元对语言多么认真。

周末即将结束，我害羞地拿着两册一套的道元译本请棚桥一晃签名。我认识棚桥一晃多年了，但是在那一刻，我感到骄傲、感恩，完全了解他完成了一桩多么宏伟的任务，我为此感到谦卑。为了提供我们这么好的译本，他必须将自己里外翻转，完全浸润在里面，生命充满了道元，两人之间不再有所区隔，不再有空间存在。这就是爱，你就是你献身的珍宝。

他用一支特别的黑笔签了名，“感谢你对这本书的贡献”——我也协助了一点点翻译——然后，“享受你的启蒙！”纯粹的道元。一旦觉知开启，你就自由了，不用再区分谁有觉知、谁没有觉知。你在每个人身上都看到觉知。现在，棚桥一晃将之传递给你了。

No.37

关：透过生死认识自己

关（Gvven）跟着我学习十六年了，她得了癌症。做完所有的化疗之后，我们一起吃晚饭，那天，她发现自己进入了缓解期，暂时无须担心了。

“我可以活下去了，我可以活下去了。”晚餐桌上，她一再地说，把肩膀抬得高高的，几乎碰到了耳朵。她才五十四岁，在这个国家算是年轻的。

她非常高兴，我也跟着高兴了起来，不只是为她高兴，也因为接触到这么一个完全觉知到死亡，并得到更多时间的生命大礼的人。这是一个深刻的完整经验。

四周后，肿瘤加倍蔓延。癌细胞利用关所有的活力生长。

她写了一封电子邮件给她的那一群书写朋友。

女士们：

首先，让我表示感谢，谢谢你们给我的支持和友谊。过去六个月，你们的电子邮件、卡片和信件鼓舞了我。

然后，我必须告诉你们，昨天体检时，医生发现新的肿瘤。六个星期前：它还不在那里呢，现在却很大了。医生叫我不要再工作了，给了我一些缓解的化疗来控制病情，基本上就是让我知道，我在这个美好土地上行走的时间不多了。所以，如果你能够将你的祈求变成我的平和、舒适地死去，我会很感谢的。

我爱你们大家。

关·多琳

其中一位（她们都是我的学生）把信转寄给我。关就是这样，我是她的老师，她对我却表现得很害羞、犹疑。第一次的宣告，即便是她刚刚发现罹癌的事情，都是别人告诉我的。当我伸手关照，我们便来回通信，尤其讨论对死亡的看法。有死后的生活吗？冰冷的坟墓？秘密地窥看着还活着的人？她希望能够保持某种联结。

我去新墨西哥州的拉斯维加斯看望她。她住在很远的庄园上，必须渡过宽广的溪流，开过一条狭窄的泥土小路，左手边还是陡峭的悬崖。我送她一条紫色头巾，绑在她的光头上。我很习惯看到光头，禅修中心的出家人都理光头，从我三十多岁起就这样了。她看起来真美，但这全是我们一起吃饭和缓解期之前的事了。

现在一切都不同了。没有缓解期了，我写给她两行字，告诉她我爱她，一直如此，她一直在我心中，我能够帮什么忙呢？

然后我发疯了。她这次会回信吗？用她跟我通信时惯用的那种后退一步的方式吗？她说过，每次有事都很难告诉我，她喜欢和其他人做整体性的沟通。整天，星期四，我想做些什么，想杀掉她的癌细胞，把她从这个状况里拉出来，我们可以一起去旅行、放逐。三点钟，我在后院砍除上个夏天长得乱七八糟的杂草，现在已经是三月中旬了。整个冬天没下多少雪，春天来得早了一些。

那个星期四，我到花圃买了九株玫瑰，花圃会为我保留，再照顾到六周后的五月，也是适合栽种的时候。一个简单的绿色陶质野鸟浴盆出现在停车场前面，我买了下来，虽然我并不需要。晚上八点，我开始煮鸡汤，一直做菜到半夜。然后我决定用新鲜香草做绿饭，晚上，我去花园挖细香葱。

我在做什么？为我们两个人活得更努力。但是这一切都帮不上忙，因为我要帮的是她，不是帮我自己。有人要死了，我们能够做什么？坐在那里，无论你如何哭号抗议或做菜煮饭，都无能为力，只能让生命和死亡就这样发生。

有人要死了，要跟什么道别呢？我看看四周，每个细节都看起来重要无比，墙脚水泥地板上的老旧黄色网球、墙、电灯开关、门、木柜、椅子、桌子、所有的书、所有的文字，都没了。

关是拉斯维加斯医院的急诊室医生。她既敏捷又聪明，医院需要她。

“我不想离开罗宾。”她跟我说，那时还有希望。罗宾是她第一位，也是唯一的一位女朋友，她们在一起十年了，一起弄了一个三千亩的庄园，想在那里办女性赋权工作坊。

星期五早上，她的电子信件出现在荧幕上：

纳塔莉：

如果你可以的话，我死前想再见你一面。我还在做化疗，希望化疗能够缓解病情，医生跟我说不会延缓死亡，否则的话，罗宾和我会每天都来做化疗了。谢谢你，在这件事情发生时，没有离开我。

关·多琳

我立刻回信：哪天？

另一封电子信件又出现了：

或许下周。化疗之后的星期四，我的身体状况会很不好。

关·多琳

我在班上常常讨论死亡，但我对死亡一无所知。根本不知道人怎么死亡、几岁死亡、在什么状况下死亡。发生什么事了？或许这样也不错，我没意见。

除了一点：我知道何时应该闭嘴。真的，我想要低语、哭喊、尖叫、哀号、恳求，请不要死掉。好像人可以选择似的，但没人可以。某个时刻，最终，每个人都会死，没有人逃得了。

看看四周：花会死，树会落叶，狗被车撞死，猫杀掉老鼠；我们的祖父、曾祖母、林肯、华盛顿、哈莉特·塔布曼（Harriet Tubman），他们都死了；连汽车也会死掉，坐着五月花号来美洲的人，第一次世界大战的幸存者，都死了。然而，我们还是搞不懂，我们觉得自己不同，不会发生在我们身上。

在我开始练习的早期，以下这个禅的故事引起我的注意：

几百年前，东方极为不平静，到处都是小偷、佣兵、强盗。深山中有一座禅修的修道院，很多初学者在那里跟着一位伟大的禅师学习。

有人说，一群逃兵往修道院这边来了。所有的和尚都慌了，他们害怕被杀，很快地往山野里四窜逃走。盗贼到了，踢开大门，整座修道院几乎都空了，他们很愤怒，仍渴望杀戮和征服。

领头的将军打破一条比较偏远的通道，发现禅师安静地坐着，正在读眼前的书卷。

将军往前一步，站在禅师前面。禅师抬眼看他："我能为你做什么吗？"

将军拔出剑，举得高高的，说："用这把剑，你明白吗？我可以刺穿你。"

禅师冷静地回答："是的，我可以被刺穿。"

将军鞠躬，收起了剑，离开房间。

禅师不受影响。我感到不可思议，这就是拯救自己的方法了，面对死亡，仍然保持胜利之姿（我那时很年轻）。

过了几年，我听到一个类似的故事，这次是另一位禅师——中国的岩头全豁，但他确实被剑刺穿了，听说叫得很大声，三十里外都听得到，他死了，他还是死了。即使他的心里、骨子里了解死亡，那也无法拯救他，或许他没有想要被拯救，或许，他真的了解死亡，他知道没有拯救，就只是生命额度用完了。

我计划着，这次去拉斯维加斯看关，我会将我们的聚会置于希望的境界之外。这样才公允。

有人又转寄了另一封电子邮件给我：

女士们：

当我接近死亡的面纱，我变得很焦虑，觉得我尚未对这世界做出什么贡献。黛比写了一封电子信件给我，回忆我们的友谊，告诉我，认识了我，是如何帮助了她、改变了她。我把它印出来了，请罗宾在我临终时，念给我听。我在想，是否可以请你们每个人都写这样的一封信，让我得到一些鼓励，让我到另外一头去的时候，知道我在世上确实做了一些好事。

谢谢你。

关·多琳

当我的禅师临终时，他从全国各地收到很多信件，告诉他，他对他们的意义，他如何帮助了他们。

他的妻子念给他听。

他躺在白色床单上，转头对她说：“我不觉得我做了很多事，或许，我有帮了一点点忙。”

在我们认为自己是谁，和我们真正是谁之间，是有个鸿沟的，觉知，就是把这个差距填补起来，就像那些信件帮助了片桐禅师。是的，他有很多的觉知，但是在脆弱的时刻，我们都需要彼此的支持。关现在临终了，希求大家给她这样的支持。

越南佛法老师释一行去拜访一位临终的好朋友，他站在床角，握着朋友的脚：记得我们在第五大道为和平游行吗？他为朋友回忆美好的过往细节，他们共同的记忆肯定了他朋友的人生。

我接到关的请求不久之后，一次晚上的演讲，乔安·萨德兰德朗读了以下的临终诗。这首诗来自葛瑞丝·史瑞生（Grace Schireson）的《禅修女性》（*Zen Women*）：

> 六十六岁的秋季，我已经活了很久，
> 明亮的月光照在我脸上。
> 无须讨论公案研究的原则，
> 只要仔细倾听外面吹过松柏的风。
> ——了然
> 我的最终讯息：
> 化开了
> 全心全意地
> 在美好的樱花村。
>
> ——临月

在禅宗传统里，临终要写临终诗，在接近个人最大的神秘经验之前，写出自己的照见。伟大禅师的临终诗集结成书，我经常翻阅，寻找我自己的照见，但是我现在明白了，这些诗都是男人写的。我自己潜意识里根本不想写我的临终诗。

但是现在，我立即想到，我会写什么呢？然后，算了吧。我的时刻很快就会到了。

关会写什么呢？

我将这些诗寄给她，她回信谢谢我。

我计划在她接受“缓解式化疗以控制病情”隔周的星期二开车去看她。我们不知道她还有多少时间，她希望能活到五月一日，罗宾的五十岁生日。

我开车出门后心情平静，路途很长，都是开阔的乡村景色，心里想着，这可能是我最后一次见到她了。无论她已经衰败成什么样子，我心里都准备好了。

我走进长廊，穿过厨房，到了客厅。她的脸上发亮，盘腿坐在沙发上。“娜塔莉，我一整个早上都在书写。”

我坐在她身边，没有期待这种场面。

她告诉我，她和南茜每天早上都在写她们的书，将进展用电子邮件寄给彼此。她告诉我她正在写的书，描述她和罗宾如何在这块土地上拓荒，一直追溯到一八〇〇年这块土地的历史。当时，一个女人和她的十三个孩子一起住在这里。

“他们的墓就在后面，我也会被葬在那里。”

“关，你充满活力。”

“是因为书写——还有化疗，减缓了肿瘤的生长。你知道，你说过我们要一直写到死，这是我们的承诺。你记得自己说过这句话吗？”

（是的，我说过这句话，作为书写的决心，但是从未真的期待亲眼看到这句话被实践。）

我需要一点时间抓住这个新的节奏。“所以你这阵子写了很多？”停顿一下，“嗯，当然啦，当你专注书写，你既不是活着，也不是死的，没有死亡可言。”

“就是这样，就是这样。”她一直点头，我注意到咖啡桌上有一沓打好字的文稿。

我用下巴指指文稿：“念给我听吧。”

我们合作了这么多年，我很少听到她的作品。她很害羞，不喜欢在班上朗读自己的作品。大部分的时候，学生彼此朗读分享，我都尽量不干预。他们学习到不要寻求我的肯定或否定，从一开始，他们就要依靠自己和彼此，但我知道，大家都喜欢听到：“开始吧，从开头的地方念。”

“真的吗？”她拿起文稿，念了导言的部分，来回穿插着原来的居民，属于伊格那西塔族（Ignacita）的一家人，以及她和罗宾在二十一世纪的拓荒。

冬季过了一半，我们来到这里居住。白杨树的枝干在呼啸而过的峡谷风中，遮蔽了青铜色的天空。伊格那西塔人燃烧杉木以温暖小屋，我们用同样的方法温暖她幼子的石屋废墟。我们都觉得冷到骨子里了。

她很矮，褐色皮肤，美洲原住民和西班牙人的混血，伊格那西塔族；我比她古铜、比她白皙，我的卷发代表了我祖先的血脉。

伊格那西塔人无法阅读书写；我则是医生诗人。

她的头发是黑色的；我的褐色。最后，都会变成白发。

她说西班牙语；我说英语。

她必须抗争才能保住这块地；我则必须花一辈子寻找这块地。

她结了婚，有十三个孩子；我刻意不生孩子，无法合法地和我的伴侣结婚。

她每周洗一次衣服，在跳舞的大厅旁，长方形的池子里；我把脏衣服拿到城里去洗。

她用马匹工作以生活；我骑马是为了高兴。

她吃自己种的玉米、豆子和瓜；我则是死忠的肉食者。

她穿全身长裙；我穿长裤。

她有一千九百头羊，在山上吃草，开始了土地的加速崩颓；我努力治疗土地。

她的丈夫牧羊，她待在家里；我开四十三公里去急诊室工作，四周都是她从未见过的科技。这些科技仍然救不了我们。

我会被葬在滴满汗水的小山丘上，伊格那西塔的骨头埋在教堂地板下。

她已经死了……我还活着。

没有人知道我们的故事。

“老天爷啊！”我说（没办法，我就是这么粗野），“你从哪里学会这样写的？”她高兴得笑了，甚至是咯咯笑。

“再念一些。”

雨斜着下，水从屋檐下渗入，沿着石墙上糊的泥土流下，简直像要将单间小屋凝固用的泥土粉刷冲掉。我们在里门的油灯发出光，雨打在铁皮屋顶上，我们看看彼此，纳闷着两位二十一世纪的医生如何能够过着一八八七年的生活。

有时候，你必须后退，才能前进。就像弹弓，你越往后拉，放手时，东西飞得越远。罗宾和我后退得这么远，我们今天就活在未来里了。

十岁的时候，我爱上了沙漠。夏天度假时，我们从路易斯安那州的沼泽健行，走到加州人口稠密的叔叔家。我惊讶地吸入炎热干燥的风。我走到塔特尔溪畔的单独露营区，惊讶地看到这个一百年前拓荒者盖的小木屋，如今无人居住，却没有腐朽，也没有被植被包覆。当我看着巨人柱仙人掌爬上岩石山上，逐渐稀疏，被约书亚树取而代之，我看到了另一种生活方式。

我四十二岁搬到新墨西哥州。二月，不用上急诊室工作的假日，我穿着背心和短裤去爬山。干燥多沙的地表里有贝壳化石，放养牛只的草原上有小路，通往被风摧残的山脊鞍部。宽阔的峡谷提供深沉静默的慰藉，我开始整天待在峡谷红墙的凹沟中，听着凤蝶挥舞着巨大的黄色翅膀，蜂鸟飞离开着红花的蜡烛木，在我面前飞舞，试图搞清楚我是什么，而我看着岩石壁画，分析着环尾浣熊窝里的骨头，在宽峡谷里花了好几个月记起我是谁。

坐在峡谷阴影里，凉爽的石头上，我忽然想到，我可以买一片荒地，就像宽峡谷这样的地，提供女性朋友这个赋权的经验，在荒野中，和最深处的自我联结起来。

在新墨西哥州的第一天，我去参加一个同事聚会，一位个子很高很大的急诊室护士一到场，五分钟内就脱掉衬衫，只穿着胸罩站在沙漠太阳之下。我站在游泳池边，远离了大家。在这里，我遇到了罗宾，很高的小儿科医生，有着很温柔的手和波浪长发。因为看我独自一人，她走过来跟我说话。罗宾是和她的伙伴一起来的，也是一位急诊室医生。我们聊到同事们在这种派对里令人惊骇的行为，当男人开始把穿着衣服的女人丢到游泳池里时，罗宾和我一起走开了。我记得我们过沙，聊到马。我刚刚开始学骑马，罗宾从八岁就开始骑马了。我们两个都觉得跟马在一起比跟人在一起自在多了。

她念了一个小时，而我听着。

罗宾回家了。罗宾在网络上做了研究，学习如何做简单的棺木，她开一个半小时的车去圣塔菲的材料行买材料。

当她把材料拿去结账时，年轻男孩愉快地说：“你要做什么东西吗？”

“棺材。”罗宾想都没想就说出口了。

男孩脸色忽然煞白，眼睛往下看，算账的时候一直没有再抬起头来。

在宽大的窗沿上，关指出她想要陪葬的东西。一个破旧的绒毛熊猫娃娃，她在路易斯安那的童年旧物：我给她的紫色头巾；玛丽·奥利佛（Mary Oliver）的诗集；泰瑞·天普斯特·威廉姆斯（Terry Tempest Wiliams）写的《跃进》（*Leap*）；她的医生名牌，写着“提卡尔医师”（Dr. Teekell），她打算把名牌别在睡衣上面，还要别着另一个别针，证明她是美国急诊医科大学（American College of Emergency Physicians）的毕业生；皮革做的飞行员帽，边缘是郊狼毛草；她的书的序文和她的手杖。

死亡变成寻常事物，不用逃离。

“我们什么都讨论好了。”罗宾想要继续住在农庄上，即便她会是一个人。

“我跟她说，我希望她再找到一位爱人。”她对罗宾微笑，“只要我永远是她心里的第一。”

我待了三小时，甚至跟关喝可乐，她非常高兴我跟她一起喝可乐。她的冰箱里有一整箱。

“请再来看我。”

我答应她会再来，离开时充满能量，这次的拜访真是棒透了。我开车渡河，阴影拉得越来越长了，我忽然明白：她要死了。当她被放进棺材时，她会是死的，她不会再回来了。我想象罗宾一个人在农庄里的漫长时间，我觉得好累，胸膛绷得好紧。

当车子行驶到泥泞的泥土路上，我停下车，打开关起的三道栅栏。我回想到我在马贝儿·道奇带的第二次七月止语的避静写作营，那个星期即将结束，大家安顿得很好了。我们一起坐车到苦修路，驶过泥土路，停了车，走到摩拉达（Morada）的苦修教会。这个教派早就被禁了。这是广大的普魏布勒（Pueblo）原住民保留区中的一个小湾，一条很窄的小路，路旁都是鼠尾草、龙柏和矮松。每条小路的尽头都有一个巨大的木质十字架，五米高，以前的信徒是背着十字架苦修的。往北可以看到整个道斯山，道斯的普魏布勒族人住在山脚下，将此山视为圣山。西南边远处则可以看到新墨西哥州阿比奇欧（Abiquiu）二百六十公里外平顶的比德诺山（Pedernal）。乔治亚·欧姬芙（Georgia O'Keeffe）和上帝做了交易，如果她画这座山画得够多，这座山就是她的了。她的骨灰就在山顶。

车子停好之后，我们在摩拉达相会，掀起黑色塑胶防水布，露出下面遮盖的砖块。我解释泥屋的做法："每一个砖块重约十八公斤，混合了泥土、水、沙和稻草，倒进长方形的模型里，在阳光下晒干。这里的阳光很强，这种砖块很持久。"

我们开始慢走，从摩拉达的黑色十字架开始，走到皲裂的白色十字架。我们慢走半小时，我偶尔会摇铃，让大家停下来，手臂垂在身侧，呼吸三次，提醒一直往前的自己，忽然定睛在路尽头的那个十字架方向，心智也慢下来。我们要记得回到一步接着一步的专注。

当我们真的到了，我指着远处以某个角度横越道斯山的一排暗暗的树。"一直连到蓝湖，铁哇族（Tewa）的圣地。他们不允许外人进入圣山。一百五十年来，美国林业局控制了这片土地，让白人打猎钓鱼，但是尼克松签了约，把土地归还给普魏布勒人。他们很爱尼克松。"

有时候，我指着圆圆宽宽的圣安东尼奥山（St. Antonio Mountain）的西边，野生马鹿成群；有时候我指着一棵枝木散乱的大榆树，附近唯一的高大的树。“那棵树下，香蕉玫瑰有了觉知的经验。”我指的是一九九五年我写的同名小说。

但是，在马贝儿·道奇举办的第二次写作营里，我没有解释这些，因为当我们到达十字架时，天已经全黑了。我教学时，常常做些没有事先计划，全凭一时冲动的事。我说：“我们走到十字架那边去。”没有考虑天色渐暗了，也没有叫任何人带着手电筒。普魏布勒人没有电力，他们试图保持原有生活形态，连一丝丝光线也没有。大家都静止不动，知道我们回不去了。

我现在想起来了，关也在那次慢走的队伍中，她靠了过来，说：“今晚满月，一个小时内，月亮就会升起了。”关就是这样，知道各种各样的知识、细节、搭配。

我好高兴，转身跟大家说：“我们会站在这里，等待月亮升起。”我回头看关，她指一指道斯山东方，附近一个突起的山丘，“那边。”我随着关指过的方向指去。

我们站成一列，手臂垂在身侧，没人乱动，头微微抬着，足足等了四十分钟。你曾经在全然的黑暗中等待光线出现吗？这是很长、很长的时间。我们很有耐性地站在无垠里，时间到了，月亮自然会升起。我这个笨拙的领袖依赖着关的知识，慢慢地、慢慢地，看见山上出现了淡淡的光，就像一层柔柔的雾水。我们看着它越来越亮，不断扩散，一点也不急。

然后，忽然间，啪！整个明亮的球体从山顶升了起来。同时，郊狼开始嚎叫，普魏布勒族人开始打鼓，鼓声穿越了空旷。我们转身，道路被月光照亮了，我们在月光下走回家。

关过世于二〇一一年六月二十三日，几乎刚好十年之后。

她过世一周前，贝丝·赫尔德从怀俄明州（Wyoming）的夏安（Cheyenne）开车去探望了关一整天（在西部，我们会开车到很远的地方去探望朋友）。贝丝要离开时，关倚着手肘说："从这个角度，让我给你两个建议：第一点，"她伸出一根手指，"好好活每一分钟，你完全不知道自己能活多久。"

"第二点，如果你想做什么事情，现在就去做，不要等。我本来以为我要等到退休才开始真正写作。当我听到自己临终的诊断时，我立刻明白，我这一生真正想做的就只是写作。"

No.38

蓝色椅子：体会书写的质地

我刚刚在一张很大的纸的正中央画了一张很大的椅子。你会想安稳坐进去、写一本关于热恋的书的那种椅子，书里描写很多在各种无法想象的地方发生的性爱场景，公车后座、小巷子里的大垃圾桶后面、临终母亲的隔壁房间里。或是，冬天的每个早晨，坐在这张椅子里，在窗户前，看着无止境的雪，喝着热茶，吃着一个粉红色的杯子蛋糕，就是要跟健康和寒冬过不去，或许你会把双腿挂在椅子巨大的把手上，学习吹口哨，或唱爱尔兰民谣。总而言之，这是一张很棒的椅子，几乎占满了整张纸。

现在，我拿起颜料，开始上色。我用不透明水彩，不像水彩那么透明，水彩会使光线透过颜色照到纸上，不透明的水彩的色料是不透光的。我有块状颜料，也有用管子装的颜料。我从青绿色开始涂，但是青绿色在纸上看起来有些单薄，所以我把画笔蘸了红色，涂在椅子的各处，因为底层是青绿色，椅子并不会变成红色。我试了绿色，然后试了天青色，再然后大大地跨了一步，用强烈的粉红色。我挤出一些红紫色，在画笔上加水，在一排块状颜料和管子之间变换着，除了搞得一团糟之外，我在做什么？我运用极端对比，直到椅子像猫咪发出了呼噜呼噜声，看起来像丝绒。现在是什么颜色了呢？我不确定这算是绿色、蓝色或紫色？以上皆是，但不是一块一块的颜色，比较像你看一件东西看得够久之后，所看到的样子。一个颜色里其实有许多不同颜色，我转头看着我的黑椅子，就在我的书桌旁边，早上七点了，从隔壁建筑物窗户反射进来的光线，让椅子上有了一层淡淡的黄色。图画里的椅子，无论它是什么颜色，在纸上活了起来，丰富、发光、发出邀请。那质地，让它活了起来。

现在我要做什么呢？我加上条纹、背景里有花的壁纸、右边角落一盆虎尾兰。我在上方加了一个鸟笼，里面有三只蓝色的鸟，其中有一只在秋千上。我想要更多的鸟，于是我又在椅子后面的地板上画了两只鸟，这是两只逃脱的鸟，面向相反的方向。我加了一些线条，把地板变成木质的。现在我要在椅脚放一些缤纷的书，这是一张很文学的画：海明威、麦卡勒斯（McCullers）、茨威格、鲍德温（Baldwin），我用黑墨汁写书脊上的书名。

我记得，二〇一一年十一月是《再活一次：用写作来调心》出版二十五周年纪念，这是我的第一本书。在椅子右前角，我画了一本打开着的笔记本，上面的字迹几乎无法阅读，每隔几行，可以看到一些足以辨认的字：走、饥饿、你、写作、片桐。我坐在这张椅子里写成了一本书，这幅画成为我对这本书的秘密致敬。我在左边地板上加了一杯热巧克力，一个用银色纸杯装的粉红杯子蛋糕，上面有一颗红色樱桃。

大部分这些东西，笔记本、书、杯子、鸟笼、杯子蛋糕，都只有单一颜色，黄的、绿的，鸟笼是深蓝色，来自盒子里很旧的一个色块，壁纸上的红花则是中间一点红，有着深黄色的花瓣。这些细节都用原色来画，一笔或两笔即成，不像椅子有那么多层次的质地。椅子是视觉中心，有重量、存在感、深刻的角度，故事就在这张椅子了。四周的细节很吸引人，都是可爱的东西和稍纵即逝的大自然，就像回忆录里面的细节之于结构。结构就是这张椅子，这才是真正的驱动力，这整件事情会发生的原因。

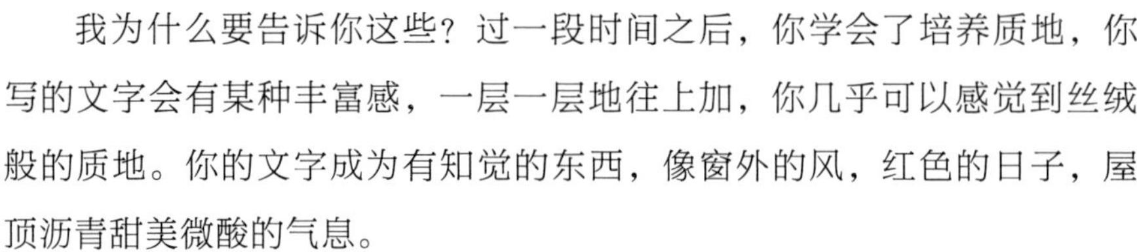

我为什么要告诉你这些？过一段时间之后，你学会了培养质地，你写的文字会有某种丰富感，一层一层地往上加，你几乎可以感觉到丝绒般的质地。你的文字成为有知觉的东西，像窗外的风，红色的日子，屋顶沥青甜美微酸的气息。

一个学生跟我说：“我完成了十分钟书写练习，跟我自己说，你知道吗？真不错呢，你应该继续发展它。我这么一说，我的心就死了。所有的热情都消失了。”

我问：“如果你抛开‘发展’两字，而是跟自己说，加一些质地、细节和色彩进去呢？”她点头如捣蒜，“对，对！”

“发展”两字在学校规定的作文课上被过度使用了，也让我们的脑子卡住了。

上星期，仁写到她开车离开犹他州的一个小镇时，看到飞碟。如果她直接用了“飞碟”一词，我们大概都会完全不当一回事。是啦，是啦，我妈妈还有翅膀咧（作者可是很会嘲讽）。但她不这么写。她缓慢地描述眼前的景色，矮矮的山丘，厚重的乌云，一笔一笔地刷过去，远处闪闪发光。她一开头就写“我知道它发生了”。发生什么了？她的伙伴也坐在车里，手上拿着一罐带糖可乐。可乐罐子的颜色是个对比，和阴影、质地形成对比，也和远处正在发生却无法确定的事情形成对比，同伴也不确定那是什么，但是她确定有些事要发生了。她一直没有提到“飞碟”这个词，从未提及。她无须提及，我们就已都感觉到它升起，无以名状且无法解释地，被带入神秘和信仰所引发的惊讶气氛中，紧紧抓住那罐可乐，那一点点熟悉的事物。

仁朗读这篇文章时，我们可以感觉到她的童年家乡，内布拉斯加，以近乎农夫的气质，既轻描淡写又敏锐觉察地，影响着气氛，预测着什么。我们可以感觉到她童年的寂寞、失望和犹疑，像是远处山丘慢慢升起什么东西，让人看见它的存在。家乡在内布拉斯加市，植树节的起源地，这个有个冷漠母亲的女孩倾身向前，靠在车子仪表板上，在丹佛市外，进入了另一个世界。一切都在那里了。

有时候，你以为故事已结束，却又出现了另一点什么时，质地才现身。我的学生，关，已经过世了，我以为这就是故事结尾，然而，上星期三早上靠近中午时，她的朋友罗宾来看我。她进城来为农庄办点事情，已经两个月了，罗宾一个人独自住在农庄上，照顾着三千亩地。我这辈子还没看过这么美丽的脸上刻画着这么深的悲伤。但我们不谈这个。她们有两个鸡舍，一个鸡舍设置一层层的架子，养的是母鸡；另一个鸡舍里则是正在长大的小鸡，大约有成鸡的四分之三大小了。两天前，罗宾换好衣服，准备开车去拉斯维加斯值小儿科的班。她先到鸡舍去看一下，发现有三十四只小鸡的头被咬掉了，胸部撕开，到处都是血和羽毛，唯一存活的小鸡在外面尖叫，踩着死去同伴的尸体。

穿着套装的罗宾吓坏了，抓起幸存的那只小鸡，把它丢进母鸡的鸡舍，希望它已经够大了，可以在此存活。罗宾爬上卡车，已经要迟到了，她知道自己有一大堆看不完的门诊，还是把卡车转个大弯，想知道谁会做这种事情。她看到墙上有熊的爪印，看到小小窗户的铁栅栏被拉弯变形了。夏天一直干旱，熊急着在冬眠之前找到食物，整个州的动物控制中心都接到一大堆电话，请他们去抓熊。

罗宾查了网络，发现熊会吃鸡的肝脏和头，那天晚上，她用锄头挖了一个很深的洞，埋葬了三十四只鸡的尸体。邻居叫她去弄一支长枪。“它们一旦来过，就会再来。”

“我从一九七九年开始就吃素了，现在要我猎熊吗？”她喝着薄荷茶，跟我说。

十天后，我接到一封电子信件：过去一周里，同样还是那只恶棍大熊爬上储水槽，走过屋顶，滑下走廊，打破窗户，杀了孵蛋的母鸡，只留了八只活口，那只唯一幸存的小鸡也死了。第二天晚上，大熊又回来了，这次只留下一只受到惊吓的活口，我将这只母鸡带到摩拉的朋友家。所有的流浪猫也都被杀死了，只剩下一只，大熊每个晚上都会回来，我现在每天晚上睡在卡车里，手里抱着长枪，只希望这件事情尽快结束。

截至目前，她还没亲身遇过这只熊。

信的下一段，她列出当地出版商建议的小标题。出版商打算出版关的书，她在过世前花了三个月完成的书，叫作《冬季岁月》(*The Winter Years*)。罗宾喝茶时跟我说，关计划要写这本书很多年了，大纲都有了，挣扎多年，一直到她听说自己要死了，才放下一切考虑，直接写了。

“噢，关，”我说，抬头看着天花板，“我从未像此刻如此希望你回来。我得说，你正是用我教你的方式完成了这本书。三个月，开始。”

罗宾和我都笑了，其实这件事情的意义更深刻，我无法说得更多了；说了的，就是说了，她已经过世的事实不断产生涟漪，即使在最后一颗石头落地之后，仍是如此。丰富地活下去。

No.39

书写需要不止一个人的力量

星期一晚上，我开车穿过这个小城，经过阿拉米达街，在帕西欧路左转。不是很快的转弯，但我前面的灰色汽车熄火了，我必须等待绿色左转灯，然后是全方位的绿灯，以及很久的红灯。到了帕西欧路，我继续开着，不明白我为什么要去这个书写小组，我虽是成员之一，但之前都没去过，因为我正在写一本书，不想让我的手匆匆忙忙地划过纸张，为脑中的思绪所苦。我需要方向、章节、点子，但过去两周以来，我注意到我书写用的书房，放了四种巧克力糖，两卷佐斯特巧克力圆饼，书架上有一整排架子用来堆放我的甜点；书房里还有我住在道斯镇平顶山时用的老旧椅子，一张桌子和铺了白色瓷砖的厕所，墙上有一幅明尼亚波利的风景画，一九八〇年我第一次个展时以五十美元卖出，二〇一〇年以五百美元买回；温迪·强森（Wendy Johnson）画的水彩画也在书房，那时她还是年轻的禅修学生，在加州那边练习修行；我还有一幅佛陀、飞机和猫的画，是华府一位老学生安德鲁·赫德森（Andrew Hudson）画的；另外，是一堆笔记本，一本很破旧的《伤心咖啡馆之歌》（*Ballad of the Sad Cafe*），还有一本很大的词典，是我父母第一次到道斯镇看我时花了二十五美元买给我的，那时他们说，要买个礼物送我，我就说我需要词典。

"词典！"我的父亲说，那种口气就像我五年级想要显微镜，六年级

想要化学实验器材一样不可置信。

我还有笔，一整盒的笔，地上还有一张瑜伽垫，我后腰很紧的时候就在瑜伽垫上拉筋伸展。

正因为这些东西，过去的一周半我根本不想去书房。我很了解抗拒是什么。即使你很想做一件事情，例如，我很想写这本书，可是就在你开始之前，水泥墙倒了，手臂太沉重了，眼睛酸了，你问自己，这么宝贵的一生，我就只做这件事情吗？我了解这一切，了解如何拒绝那个推力，将之转化成纸页上的驱动力，但这次不是抗拒，是寒冷的房间，白色的墙壁，我无话可说，我没有遇到“瓶颈”。我不相信作家“瓶颈”这回事，你拿起笔，开始写就是了。

我知道其实不是书房的问题。我可以去图书馆或咖啡馆。七月了，白天越来越长，文字背后有些讯息在我心里充盈着，可是我没有在书写。上个星期三，我走到禅修中心去听一场演讲听到打哈欠，大部分时间坐立难安。即将结束时，演讲者引述了《铁笛》(*Iron Flute*）里的第三十六条公案：你死后，我要去哪里找你？听到这句话，我的身体跳起来。我知道这整个公案，那个简短的禅修故事。面对南方的梅树枝丫和面对北方的梅树枝丫。一个巨大的裂缝打开了。当他们摇铃，大家向圣坛鞠躬时，我站起身，直接走出大门，没跟任何人打招呼，就这样走回家了。

第二天，我去了科罗拉多州。经过圣路易斯（St. Louis)，还没到落基山脉的漫长路途上，我想起四十年前，我和丈夫开车来过这里，晚上就在路边的白杨树下，睡在睡袋里。我感觉到这些年的缝隙，但愿我们还维持着婚姻关系，就可以认识三十多岁、四十多岁、五十多岁的彼此了。整个周末，我感觉到那时和现在的差距，过去与当下的差距；整个周末，我都在落基山脉爬山，在豪华餐厅吃非常昂贵的羊排，听一位年轻的二十五岁韩国提琴家，在艾斯本音乐节（Asperi Music Festival）演奏阿隆·柯普兰（Aaron Copland）的乐曲，感觉自己和琴弦一样，在小提琴上被划开来了。这个周末非常愉快；今天回到了家，早上醒来，还是觉得寂寞，无法描述的寂寞，脑子里有个蜂窝，装满了迷失的思绪，胃里还有一颗很硬的坚果，我知道，一切都没有改变。我无法走进书房或爬进笔记本里，无论去何处或用什么诱饵都没有用（当然，我可以，我有三十五年的书写经验了），但是我知道我必须写作，在冷风中，你无法转身也无法扭来扭去（学禅的人会说，就像把蛇放进竹子里去）。

所以，我开车去朋友们相聚书写的地方，黄昏还早，仍然看得到天光，一百五十天以来，首次下了两小时的雨，高大的黄松仍然炙热地燃烧着野火。我开着车，听着亚伯拉罕·佛吉斯（Abraham Erghese）写的《双生石》（*Cutting of Stone*），十年前，我认识了佛吉斯。那时，他住在波士顿，我写信给他，讨论他的第一本书，内容是关于田纳西州的艾滋病。我们书信往来了一阵子，他还到我的班上参观过，但后来，我们失联了。我听着充满异国风味的衣索比亚医疗故事心想，亚伯拉罕，我认识你的时候，都不知道你心里有这些故事。我为他感到骄傲，心想，我可以现在找到你，跟你说吗？

我把车停在寻常的街上，走出来，走到蓝色的人行道上，用力关上车门。过去一点，有一辆本田汽车，旁边站着三个朋友。我们没说多少话，但亲昵地捏捏并拥抱她们来看望祖母的孙女。我们走进屋子，低矮的咖啡桌上放了一杯杯的水、无花果饼干和米果，我看到一盘方块巧克力，但是我一颗也没吃。

我希望我书写的时候，这些女人也会书写，因为我无法光靠自己写出东西来。这是关于空虚感，不是来自书写和一切源头的那种丰富的空虚，而是你丢下一颗炸弹之后感觉到的空虚。只剩下你一个人了，没有

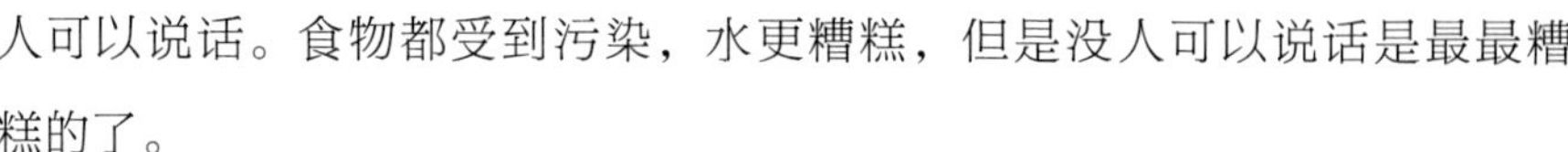

人可以说话。食物都受到污染，水更糟糕，但是没人可以说话是最最糟糕的了。

我头十八年生命里，渴望着我的母亲，却从未得到她，几乎很少和她说话。在这个书写团体的巨大空间中，我忽然发现，今天是她的生日。冥寿九十五岁。太阳在运转，地球也在绕行，两个人，一个对世界很重要，一个对我童年的整个宇宙很重要，在此时，从虚无中冒了出来。就是这个了。我怀着虚无，因此无法书写，回到那个人们所说的秘密之地，我们从何处来，将往何处去？

有人说，艺术很重要。可是比起奶酪三明治、帮别人过马路，或走过巨大的建筑物时感受到的遮阴，艺术并没有更重要。什么才重要呢？或许是这些安静的人们弯腰写着笔记本，静默，将文字倾倒在纸页上，或许文字很重要；或许多年前我会想跟我母亲说说话，跟她说我们在伯克老师班上做的科学实验，水是如何蒸发，让玻璃起了雾。我们让水又出现了。母亲，我想告诉你，五年级的时候，伯克老师对我异常重要，我想告诉你，有横纹的纸放在小橡木桌上，而我的长腿放在桌下的感觉是什么；母亲，我有两只手，我用一只拇指和其他指头握住笔。我想告诉你这一切。

No.40

结语

当佛陀已经八十多岁，知道自己快要过世时，他很想再次看看瓦伊沙利（Vaishali），那里有很多美丽的寺庙。他和他的亲近弟子阿难一起慢慢地走了好几里路，去看这个城市最后一眼。一路上，他们练习冥想、保持觉知与和平，不伤害任何事物。这种慢走会发出光芒，创造时间与空间，因此，虽然佛陀已经临终了，他也不急，他还是有时间享受空气和阳光、经过的树、鸟鸣、老朋友阿难的陪伴。

在瓦伊沙利城外，他修隐了两周。就在那时候，他判断自己三个月内会死亡，于是出关，告诉阿难这个消息，然后站在山丘上看着瓦伊沙利，再也没有走进这个城市。经书上说，他扶着阿难的手臂，最后一次看着瓦伊沙利，“眼睛有如大象皇后”，然后转身离去。

这个景象和时刻一直感动着我。想象一只巨大灰象的庞大、重量和存在感，还是皇后呢，如此庄严的女性脆弱，觉知了生死轮回。这个人，这位觉知者，维持着“存在的凄美”和“无常的真切”之间紧绷的那条线，没有任何一件事情是永恒的，你无法抓住不放。最后一次看着你爱的某件事物，同时知道并接受自己的死亡，转身离去，道别。

一切因缘和合法，必定败坏，大家应自精勤，不要放逸！

——佛陀的遗言

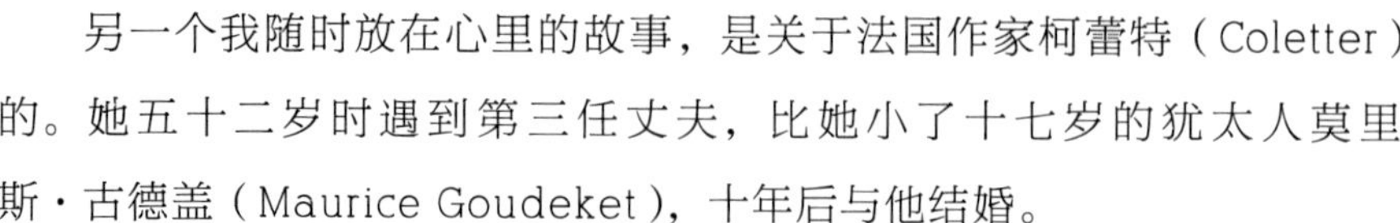

另一个我随时放在心里的故事，是关于法国作家柯蕾特（Coletter）的。她五十二岁时遇到第三任丈夫，比她小了十七岁的犹太人莫里斯·古德盖（Maurice Goudeket），十年后与他结婚。

莫里斯十六岁时，从学校回家吃午饭，跟母亲说，我们今天学到一位作家柯蕾特。有一天，我会跟她结婚。

举个例子，让你知道法国人有多么热爱她的文字：一个晚上，八十多岁的柯蕾特走出小剧院，小偷抢走了她的皮包。第二天，地方报纸刊登了这件事情，很快地，她的皮包就被还回来了，钱都还在，有张纸条上写着：我不知道是你。即便是贼，也爱她。

第二次世界大战时，纳粹占领了巴黎，莫里斯被抓走了，因为他们要杀掉所有的犹太人。柯蕾特去拜访维希政府，要求、恳求释放他。他们说他们会看看能做些什么，他们不知道他人在哪里，也不知道他是否已经被递解出境了。

她回家，坐在接近大门的窗前，在那几周的不确定和恐惧之中，手持纸笔，写出了《金粉世界》（*Gigi*），一个年轻法国女孩的成长故事，后来成为百老汇戏剧和好莱坞电影。

这是在对人类的想象力和精神致敬。她在可怕的胁迫之下，还是保有了自主性，还是能够发光，甚至能创作（是的，莫里斯最后被释放了）。

我告诉我的学生，“闭嘴，开始写”。你只需要这五个字，但是真正实践这五个字却不容易。这句话有禅修的简要性，简洁有力，直接穿入，讲到重点，但我们必须穿透很多层次的生活，才能拿到这个处方。我们必须了解语言的尊严，从各个角度了解战争和攻击性，然后有耐性缓慢地记录细节、欲望、痛苦、希望，再然后放手、静默与诉说，沉着、决断，最后又困惑慌乱、失控、以为我们可以逃脱。我们历经整个过程和极端，直到我们降落到核心：安静、看似无害、几乎没动静，但内在仍凶猛、决绝，碰触到喜悦与真诚，然后将之倾倒在纸页上。

古代中国，吴国的和尚朱棣独自修行，非常用功。某夜暴雨正急，一位叫作实际的女尼来了。她绕着朱棣走了三圈，说："如果你说话，我就留下来过夜。"他想不出来要如何回应。女尼离开了，进入暴风雨中。朱棣跟自己抱怨："我太没用了，我连这个女尼都无法帮助。"他决心打包，回去寺院。那天晚上，睡梦中，山里的精灵来了，在他耳边轻轻地说："等一等。你不需要离开这座山，有人会来你这里。"他醒了过来，虽认为自己只是在做梦，但仍然决定延迟一个月再离开。到了第十天，他正在草屋里盘腿打坐，一位伟大的老师来了，坐在他对面。朱棣非常高兴，也很惊讶。他对老师鞠躬，述说自己的困境。老师举起一根手指，指着他。当下，朱棣顿悟了。

从此以后，终其一生，只要有和尚找他，朱棣就举起一根手指，不做别的解释。很简单的回应，却包含了许多内涵。

过去二十五年，每次有人问我，要有什么条件才能书写？我总是重复这五个字："闭嘴，开始写。"谈话总是很简短，问的人通常希望我讨论书写生涯的始末与浪漫，以及诸多在折缝、阴影和涟漪中的迷失，但是这些都不是重点。是的，你确实会得到这些装饰性的收获、渴望与抗拒、痛苦与狂喜，但你需要不断练习，一步步地踏出，一次次地呼吸，一个字一个字地写下去。在那个狭窄的悬崖边，你会一再地在爱恨生死之中遇见自己，请加入这群受过试炼而保持真诚的人吧，让自己成为和平之人。当你练习，你就不再为大家惹麻烦了，这些麻烦——回忆、伤痛、一切——现在都是你的了，你拥有了它，得为它负责。你知道你应该怎么做：闭嘴，开始写。

有人说，学生必须超越老师，教学才能传承下去。片桐大忍以及其他禅师将古老的日本寺院禅修方法带出来，传授我们他所知的一切。传

承是我们的责任，我们这些了解美国文化的人，现在必须让禅修活跃、茁壮，甚至举足轻重，如此一来，种子才会成长、生根。我的伟大的老师已经过世二十多年了，我要他的教导透过笔下的墨水和电脑的嗡嗡声继续歌唱，用我们独特的方式展现自由与理解。西方世界需要亚洲的教导，但是禅宗也需要我们。如今，我正站在他的肩膀上。

致谢

深深感谢玛丽亚·傅尔汀（Maria Fortin）过去二十年里的一路支持，协助我设计马贝儿·道奇·露罕之家的所有课程，当然也包括“真正的秘密”避静写作营。

很感谢约翰·狄尔（John Dear）为了和平不间断地努力。